■ 他们撑起了中国室内设计的脊梁

They are Pillars for Chinese Interior Design Career

■ 他们是中国设计的优秀品牌

They are Brand for Chinese Interior Design

# 他们的感人事迹和

中国名家设计

The First Record of Chinese

# 满登手稿

## Manuscript By Man Deng

设计的土壤

——金螳螂设计研究院院长王琼的设计哲学

入选理由：理性而内敛，冷静而果断，如果说坚韧不拔，坚持不懈是他行为的准则，那么自知自明、实事求是则是他的思维方式。行为方式让他积累了丰富的设计阅历，思维方式构筑了他对设计土壤的透彻研究，两种气质和性格驱使他一个月平均50%的时间在路上，堪称当今苏州设计界的传奇……

这是笔者首次以民间传记作者身份采访上市公司——金螳螂装饰设计有限公司总设计师、设计研究院院长，苏州金螳螂建筑与环境学院副院长王琼。

在设计与施工实施50个亿、创造行业传奇、排行行业连续几年第一的企业，让笔者接受到一股强大的气场扑面而来……

"你下午要去青岛出差，可能给您采访的时间不多，有什么话不妨直说……"王琼直来直去，开门见山。给我第一次见面仿佛一见如故，好像老朋友似的。

为撰写此书，笔者已跑了十几个城市，采访了不少设计界的精英人士。他们或矜持、或大度、或内向、或冷静、或内敛，或喜怒都给人留下深刻印象，然而与王琼一见如故，



没有距离感，没有陌生感，让笔者与被采访者直接进入实质问题。

"听说您刚从苏州金螳螂建筑与环境学院并且任分管教学的副院长？！"笔者很逗道。

"我这人有教学情结，其实创办学院，就是为企业服务。"谈话间他的助理几次进来要让他去参加会议，同时他又不停地接电话，边接电话边朝着我说："对不起不好意思，事实在太多……"

这是笔者采访历史上最忙碌的一个人，作为一个产生50亿产值的企业领导人工作在间，很难想象他的忙碌状态。很难想象，他身兼不仅身兼二职，同时专门承担了学院十二五计划以及中国当代设计全集六卷内卷部分。也就是说他必须有将时间一时三用的能力，对于笔者所理解的一，他身上有着足够的时间设计与分配的传奇故事。

时间是挤压出来的

按理说王琼身兼两职，而且都是身兼两个单位的要职，不仅要承担学院的教学管理，同时还要承担企业的设计改革和经营重担，两副担子如何保证各占50%的时间，老实说，他就挤压了他的休息时间。据他的接受，以中国当代设计全集为例安排设计部分，上千幅图片的案例分析需几年让王琼的睡眠

■ 他们为中国室内设计的崛起努力奋斗

They Strive for the Development of Chinese Interior Design

■ 他们是我们学习的榜样

They Have Set an Example to Us

# 优秀作品永载史册

## 档案首部纪录片

Interior Designers and Their Works

这个行业本身就是一个很多维、很多学科组成的结构空间。每一个人都是从这空间得到自己的滋养，有些东西很快就读懂，有些东西很久很久才读懂，设计也是这样……

中国设计评判标准太低

现在一些青年设计师想通过世界的设计大奖来展示自己的才华，问题是我们的评判依据和评判标准太低。如何评判一个好作品？评判好作品的依据又在哪里？标准和理由是什么？这一切似乎都很模糊。特别对设计较细致的评判，我们只看平面作品好不好看？是否有视觉冲击力？至于作品的数据评估、投资回报率、投入使用后信息反馈等关键评判指标和标准，几乎都是空白的概念。

设身处地地想一下，当一个偏向的投资进入设计程序，进入施工程序，进入工程验收阶段，尤其是交付营业使用阶段，每一个阶段都涉及投资者和设计师是否会让他们得到满意的答卷。而比赛的评判往往只根据照片就让评委看出哪个是客户欢迎、哪个是最受客户认



就是我们目前所处的环境、气候和土壤存在问题。比如说美国很多人家都有一年的旅游计划，你是否会这样做这个项目？客户也在旅游期间，你是否有真才实学打动我？双方都在相互信任，这种在平等之上的互相了解、平等沟通的优化配置。

比如说在日本的一个小城，就有一个闻名世界的设计图书馆，里面展示了一批世界著名的服装、家具、建筑、广告装置、造型和作品等，将他们的创意理念、表现手法都一一展示，又在相互比较、相互学习、相互竞争，将他们的设计做得越来越精。所以一个小小的城市也能出个大师。在那里，我们的国家设计师很难感受到硬件完美、服务和用心投入的细节。在这种浓厚的设计氛围中，不出设计大师都很难。

因此，设计土壤的培育和改造是中国设计界目前面临的问题。中国设计发展得太快，太高速，也是件好事，说明我们的实践不讲究得失，得过且过的问题。而如何把速度降下来，留些思考反思的空间，反而会更清楚看清我们的问题在哪里……



完

# 见证中国名家设计崛起（上）

# THE FLOURISHING OF CHINESE INTERIOR DESIGN

## ——中国名家设计档案首部纪录片

THE FIRST RECORD OF CHINESE INTERIOR DESIGNERS AND THEIR WORKS

满登 著

BY MAN DENG

江苏人民出版社

# 出书之道

## On My Philosophy

《亚太名家设计解读》（上下集）出版以后，在业界获得不错的口碑，并于今年七月份又重新出版，由原来的小开本改成250mm x 250mm的精装本，以飨读者。

今年下半年，笔者又启动了《见证中国名家设计崛起》一书的写作。原计划要像《亚太名家设计解读》那样，一口气编入36个设计师的作品，并以上下集的形式一次性完成。遗憾的是由于《见证中国名家设计崛起》一书的启动时间太晚，笔者只好放弃出版上下集那种颇有分量的“虚荣心”，选择了先完成上集写作的可行性计划，这是一个有趣而有学问的出书之道。尽管每个入选者都有自己的特色和优势，但对上集的构思与编辑，对下集的预留空间，对上下集阅读情绪平衡，尤其对读者拿到书时第一阅读感和第一印象的设计策划，既不能透支上下集的写作资源，也不能忽视上集为下集留下承前启后的作用，这里面都有一定的讲究。

另外，在哪些人能够入选的问题上，笔者作为时代的见证人、业界发展的记录者、专栏作家和资深设计评论人，始终坚持公开、公平和公正的原则，坚持独立思考、独立观察和独立写作的风格。试图为客观记载业界业态，发现业界问题，建立一个可行可操作的设计评论和设计批评机制做些力所能及的工作。

包括对入选者的设计思想、设计理念和设计手法，笔者都有客观评估和评价，既有赞扬肯定，又有批评指正，遵循了设计评论人的原则和职业操守。笔者以为作为设计师，无论是从社会责任感，还是从职业操守看，不仅要服务于客户、服务于市场，更重要的是还要服务于我们这个社会。我们不能将设计师仅仅定义在收谁的设计费就为谁服务的小圈里，应从里面走出来，站在更高的角度上，高瞻远瞩，承担设计师面向时代、面向社会和面向大众的责任和义务，在共享改革开放30年发展基础上共享我们的改革成果，贡献我们的力量。

写于2011年10月10日深夜

## 作者简介

著名设计师、专栏作家、资深设计评论家。他一边做设计，一边研究中国室内设计发展规律，并为建立中国室内设计批评与评论机制，推动设计产业结构更趋向科学合理发展写撰写了大量的文章。他撰写的中国室内设计第一部评论集——《亚太名家设计解读》（上下集）在业界产生了积极影响，并受到国内外专家学者和设计师的广泛好评。由他组织策划的设计论坛闻名业界，其中2011年对“设计援疆”的论坛策划与实施，不仅得到了业界和亚太设计名家的支持，同时还得到了国务院新闻办公室、中国新闻网、中国日报网、国际资讯网等国家重要媒体的肯定。他是2010年第二届亚太设计双年展和2011全球绿色设计大奖赛（中国区）特邀评委，2011年中国手绘艺术设计大奖赛评委，2011年全国“城市样板间”家居设计大赛评委，2011年第六届中国（上海）国际建筑及室内设计节演讲嘉宾。

# CONTENTS 目录

009
笔
入选理由
Reasons for entry
梦幻奢华　戏剧中国
DREAMLIKE LUXURY, DRAMATIC CHINA
——评述王琼新中式梦幻奢华的语言走向
（苏州）

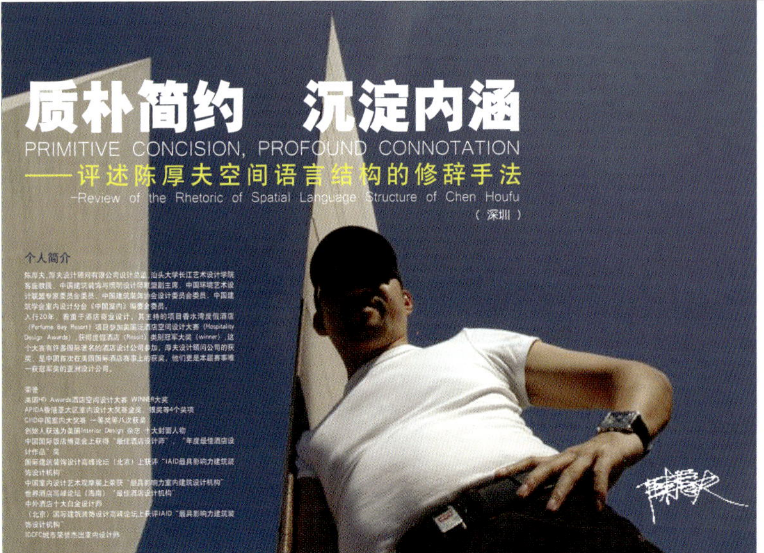
039
质朴简约　沉淀内涵
PRIMITIVE CONCISION, PROFOUND CONNOTATION
——评述陈厚夫空间语言结构的修辞手法
-Review of the Rhetoric of Spatial Language Structure of Chen Houfu
（深圳）
个人简介
入选理由
Reasons for Entry

084

055
这
旧瓶新酒
NEW WINE IN AN OLD BOTTLE

建筑草图思考录
COMMENTS ON SKETCHES BY YU JINGGAN
——观余静赣的建筑草图走向
On Yu Jinggan's Design Inspiration

171

打磨东西方空间的焊接点
To Perfectly Integrate Chinese and Western Culture
——评戴昆东西方文化共融共享的住宅空间
(北京)

117
玩转设计的人
THE PERSON PLAYING WITH DESIGN
——从仲松的世界观看他创意构思倾向

# CONTENTS 目录

# 梦幻奢华　戏剧中国

# DREAMLIKE LUXURY, DRAMATIC CHINA

## ——评述王琼新中式梦幻奢华的语言走向

## —Review of the Language Tendency of Wang Qiong's New Chinese-style Dreamlike Luxury

（苏州）

# 009

## 入选理由

用梦幻解读奢华，用戏剧打磨奢华，用聚焦中国文化方式来探索人们对中式奢华的期待，他为我们放歌一曲梦幻奢华、戏剧中国的颂歌，不仅丰富了古典奢华的语言风格，还增加了古典奢华的趣味性，延续了古典奢华的文化底蕴，开创了一代新中式的表现方式……

## Reasons for Entry

To interpret luxury with dreams, polish luxury with plays and explore people's expectation of Chinese-style luxury by focusing on Chinese culture, he artfully shows us the dreamlike luxury and dramatic China. This not only enriches the language style of classical luxury, but also makes it more interesting, passes on its cultural connotation and initiates the expression way of new Chinese style...

笔者曾看过王琼以前的中式作品，其语言形态多半“以旧做旧”仿古作派，其手法和功底给人感觉似乎复制有余而创新不足……

最近，采访王琼，他给我一个餐厅设计的作品，尽管形态和手法也是延续中式语言，然而，他不仅在塑造中式语言结构上融入了梦幻般奢华的意境，同时，还糅进了中国舞台戏剧的创意元素，这种以梦幻立意，以戏剧推进的整体结构与情节发展，为我们演绎了一曲具有中国民族文化认同感的新中式语言……

**奢华也可以梦幻**

通常我们看到的中式奢华，撇开古板传统语言不说，大都是以豪华和排场著称，以奢侈和华丽见长，若从当代精神饮食健康学上说，这种充满了“油腻”的高脂肪和高蛋白是不利于人们的审美情趣健康的。当然，面对更多的奢华理解，也有人附庸风雅，将它推到了现代时尚的元素圈，让奢华沾有现代时尚并与其混搭，也不算俗；也有些聪慧智者，将它推到质朴低调的表现手法，目的是去掉奢华的“油腻味”，让奢华拥有更质朴清雅、委婉细腻的不张扬、不炫耀，试图用内敛低调涵盖奢华的内涵。

其实，奢华就像一个人，不一定披金戴银，满身名牌武装到牙齿，最终还要看你是否有品位，有气质和有内涵，看你的奢华能否给人带来新的创新理念……

王琼向来不信邪，也不跟风，他有自己独立的审美观。也为我们创造了一种崭新的奢华，那就是中式意境中的梦幻，梦幻中的意境。仿佛让奢华穿着中国古典戏剧服装，唱着古典戏剧的曲调，给人一种抒发古典怀旧情绪，叙写梦幻场景的感觉。

这个定位于高档餐饮走向的空间，设计师并没轻易重复别人已走过的奢华路线，王琼认为即便是表现以奢华为主题方向的高档餐饮，其中仍然孕育着其他手法所表现的奢华。奢华不仅可以奢侈和排场，可以现代时尚，甚至也可以质朴清雅。但他更倾向一种梦幻色彩的奢华。用料不一定很奢侈，用色不一定很华丽，用光不一定很张扬，只要拥有梦幻走向，拥有戏剧色彩渗透力就行。也就说，你做的梦幻和立意要能藏风聚气，在空间运作操作中，要屏得住，屏息静气，将能抒发梦幻奢华的情绪给储存起来，聚焦起来，甚至将梦幻奢华的走向隐藏在戏剧情结

011

# 012

中……

换句话讲，人们慕名到此用餐，不一定是冲着你的佳肴美酒，而是能唤起好心情、提升你的情绪、舒缓寻求精神，能让人产生很多联想或记忆的地方……

我们注意到有一纵向空间，不仅顶面与沿街立面都采用白色的花格窗，餐桌和椅子居然也是一白到底。界面的镂空花格窗，立在暮蓝的景色中，使蓝中显白，白中显蓝，蓝白之间仿佛产生了一种朦胧的视觉渗透。让人隐隐约约，领略人世间的另一番美景。有时候隔着像网状的花格窗去品味，反而会引起你的梦幻一般的回忆……

**奢华的戏剧性**

我们在看戏剧时，总会被戏台上徐徐拉开的幕布后所展现的舞美效果所打动，尤其戏剧人物还未登场，那种震耳欲聋的锣鼓声先声夺人，让人期待，让人期盼。展开的舞美那种氛围和气场，似乎有一种心灵上的“煎熬”，即便是几分钟的期待……

看王琼的作品似乎也有这样的感觉。比如在一个亭子造景空间，四根仿古柱支撑的正中央，有一组白色蝴蝶图案灯箱，十分戏剧性地悬吊中间，为延伸这种戏剧性的感染，设计师利用虚幻的灰镜转换了这一感觉。于是，吧台与酒柜的写实、灰镜中的映像的写意，形成了戏剧艺术上的强与弱、虚与实比较，这一张一弛、一明一暗，其实也凸显了写实与写意空间营造的戏剧氛围，一下子就抓住了人的审美情绪，令人身临其境，好想进去体验一下这样富有戏剧人生的空间。也就是说，王琼用典型的中国戏剧语言构筑的空间和气场打动了人的欲望，这也是作品最大的看点之一。

另外一个聚会的客厅，终端界面背景上，像河水中投进了石头而产生一圈圈涟漪的定格，颇有动如波澜、静如暮夜的意境。石头的光与影，让人一度产生梦幻，浮想联翩，恍如隔世。顶面的胡桃木方格造型酷似美式风范，地面用柚木地板托起了圈椅与罗

汉床，具有现代方式的舒适性；右边藏有灯光的磨砂玻璃墙上，设计师妙用工业方管“反串”了古典风格的博古架，其线条井然有序的穿插，让画面有一种极简而利落的现代表现手法，整个画面既有中国戏剧元素，走向又符合现代人的生活方式，同时也不乏西为中用的细节，颇有传统与现代、古典与时尚、梦幻与戏剧水乳交融的创意……

**奢华的色彩制定**

笔者在采访王琼时，他总是谈到特别喜欢王维的诗、八大山人的书画。他现在一边从事教育，一边从事设计，同时还在写书。笔者问他，在老师、设计师、学校和企业领导人、客串作家等身份之间最喜欢别人称呼自己什么？他脱口而出：“文人……我其实就是一个文化人，喜欢读书，也喜欢收藏名人字画，有时陷入历史文化的长河里不能自拔。”

有意思的是，我们在他的这个作品中看到很多关于文人的影子……

比如说在酒吧台的空间，我们似乎看到

# 017

了古代士大夫住所人文情怀的释放：顶面木质方格镜面的精致和细腻、白色有蝴蝶图案的英式高背椅、对称的咖啡色的简约沙发、中式古典黑色斗状茶几、典型的现代中式顶头四方落地灯、直纹的冷色系大理石等。设计师将戏剧舞台色彩、古典色彩与现代色彩高度融合，以暖色调为主色系，再将同类色中分出深浅微差的暖色层次。笔者注意到设计师用吧台的磨砂玻璃和白色高背椅做冷色的穿插，不仅让色彩透视更加富有冷暖节奏和变化，而且更有戏剧色彩的张力。其设计场景颇像中国古典戏剧的一个片段。尽管色彩不少，但多而不乱，艳而不俗，颇有功底和章法。

**奢华的空间构成**

另外一个有趣的地方，就是古典空间的构成。如何营造梦幻奢华氛围，激发人们的联想，设计师将此转换成设计语言，并以空间构成方式来梳理这种转换。比如以古典木柱构筑框架、以半透明的纱幔做棚顶；以暖色铜镜面做延伸映像点缀等，详细叙述空间构成表现方式多以激发梦幻色彩为主。我们发现王琼很擅长中西混搭，但点到为止。就像他喜欢民族音乐，也不拒绝外来之音那样，但他似乎对前者情有独钟，乐此不疲，当然，偶尔在民乐里穿插一点小提琴之声，也别具风味。

例如在一个用布幔搭建的大包间，餐桌上方吊下的紫玫瑰，在金线、米黄线帘的簇拥下，显得特别清雅、纯美和浪漫，不由让人充满着梦幻一般的向往，俨然一个小型艺术装置，颇有引人入胜的想象力。用木质线条

# 019

横铺的厨房，则给人一种家庭聚会的叙述氛围。尤其是那块未经任何雕琢的石头，天然的表皮肌理与自然断开的形状，可称得上是此包厢的神来之笔。天然的石头与人工精致的布置形成有趣的对比。用家宴私厨的方式去挖掘餐饮空间最富有想象、最富有意境的地方，去努力体现有着梦幻空间、戏剧中国元素的奢华是王琼对古典奢华创新的一个探索。开创梦幻奢华空间，造就梦幻奢华世界本身就体现了百花齐放、百家争鸣的探索精神，然而，面对当下一窝蜂的模仿、跟风奢华设计，我们还有多少这种探索精神……

用梦幻解读奢华，用戏剧打磨奢华，用聚焦中国文化方式来探索人们对中式奢华的期待，王琼为我们放歌一曲梦幻奢华，戏剧中国的颂歌，丰富了古典奢华的语言风格，增加了古典奢华的趣味性，延伸了古典奢华的理念，也是本案最具创新的地方。

# 设计的土壤

# THE BREEDING GROUND OF DESIGN

## ——记苏州大学金螳螂建筑与城市环境学院副院长王琼的设计哲学

## —The Design Philosophy of Wang Qiong – Director of Gold Mantis Design Institute

### 个人简介

王琼，男，教授，硕士生导师，苏州大学金螳螂建筑与城市环境学院副院长，金螳螂设计研究院院长，中国美术家协会环境设计艺术委员会第二届委员，中国建筑装饰协会设计委员会副主任委员，中国建筑学会室内设计分会第六届理事会理事，中国饭店协会设计装饰专业委员会常务理事。

1982年毕业于西北师范学院美术系，先后在天水师范学院美术系、苏州城建环保学院建筑系、环境艺术教研室任教，1997年任苏州金螳螂建筑装饰股份有限公司总设计师，2006年任金螳螂设计研究院院长至今，2008年调入苏州大学与其他学科带头人共同组建金螳螂建筑与城市环境学院。

从事室内设计行业近三十年，大小作品百余项，其中昆山宾馆、春兰展馆、常州大酒店公共区域改造、苏州图书馆、中国丝绸博物馆、常州富都商贸饭店、人民大会堂江苏厅、乌镇盛庭会所等作品多次荣获国家级设计大奖。近年专注于高端酒店设计，与香格里拉、喜达屋、洲际等国际知名酒店管理集团进行多次合作。作品始终坚持弘扬中国传统文化，并保持一贯的创新精神，具有敏锐的前瞻性，在相当程度上推动了中国传统设计文化在新时代的发展。

持续关注室内设计教育，培养了一批杰出的青年设计师。2008年起在苏州大学金螳螂建筑与城市环境学院推行全面而彻底的室内设计教学改革，探求新的人才培养模式，为行业的发展提供优质人才储备。

## 入选理由

**理性而内敛，冷静而果断；如果说坚韧不拔、坚持不懈是他行为的准则，那么自知之明、实事求是则是他的思维方式。行为准则让他积累了丰富的设计阅历，思维方式则构筑了他对设计土壤的透视研究。两种气质和才华簇拥到一个年届50的人身上，堪称岁月历练才华的经典传奇。**

## Reasons for Entry

Rational, introvert, calm, decisive; if persistence and fortitude are the criteria of his behaviors, being self-aware and practically-minded comes to be his ways of thinking. The former allows him a great accumulation of design experiences, while the latter constitutes his perspective research on the breeding ground of design. The integration of two types of temperament and talent in a person aged over 50 is undoubtedly a classic legend about genius taken from years' experiences...

是笔者首次以民间传记者身份采访苏州大学金螳螂建筑与城市环境学院副院长、金螳螂设计研究院院长王琼。

面对设计与施工即将突破100亿、创造业界传奇、连续几年排行行业第一的装饰企业设计领导人，让笔者感受到他有一股强大的气场扑面而来……

“我下午还要赶往香港出差，可能留给您采访时间不多，有什么话不妨直说。”王琼开门见山，直来直去。

为撰写此书，笔者曾跑了十几个城市，采访了不少设计界的精英人士。他们或矜持，或大度，或内向，或冷静，或内敛，或善解人意，都给笔者留下深刻印象。然而与王琼一见如故，没有一点距离感，甚至没有陌生感，让笔者与被采访者省去了很多寒暄，直接进入实质问题。

“听说你们公司和苏州大学在城市科学学院的基础上共建建筑与城市环境学院，并由您出任分管科研的副院长？”笔者问道，“您为何对设计教育情有独钟？”

“不瞒您说，我这个人有教育情结，恨不得把我学到的东西马上教给这些孩子。”话间，他的秘书几次进来，显然为了去香港交代有关事宜。间或，他又不停地接电话，边接电话，边示意我：“不好意思，事情实在太多。”

这也许是笔者采访过的世界上最忙碌的一个人，当你进入了一个能产生近100亿营业额的大型企业的设计领导人的工作区间，你别无选择地感受他的忙碌状态。很难想像，他这个金螳螂设计研究院院长、企业的创始人之一不仅肩负两个单位的使命，同时他告诉笔者，由他负责主编撰写的《中国当代设计全集》室内分卷（由商务印书馆出版，已被列入国家“十二五”出版规划），也在紧锣密鼓地进行中，任务之重，时间之紧，是出乎他的想象的。也就是说他必须要和时间赛跑，甚至要有将自己和时间一劈三用的能力。对于年届半百而遥知天命的王琼来说，在他身上有着怎样的时间与分配的传奇故事。

### 时间是挤出来的

按理说王琼身兼两职，而且是两个单位的要职，不仅要承担学院的教育改革重任，同时还要承担企业的设计改革和经营改革重担，两副担子假如说各占他50%的时间，老实说，已挤压了不少本该属于他休息的时间。现在他又接受了《中国当代设计全集》室内分卷部分约20万字、上千幅图片的写作与收集工作，这样额外的工作量，几乎让王琼的时间资源压缩到一个生理的极限，他只能再次将自己逼到一个极限——透支睡眠时间。

身兼两职，再加“学术任务”，几乎要把王琼一分为三在同一个时间高速运转。这几乎不是一个常人所能做到的，然而却彰显了王琼的过人之处，让很多人不由得心生敬意。在你满负荷工作时，又插入一项用脑的活，不是一个接上电线就亮灯的单纯工作，还涉及写作的灵感与方向。在日常双重繁忙工作的重压下，在王琼年届50的年龄段，能集中的有效时间与精力概率还有多少?

“时间是像挤牙膏一样挤出来的，你如果想不做，可能会找一千条理由，反之，却能义无反顾去做好它……”声音充满了坚定与坚韧，他是敢于承担责任、敢于面对挑战、敢于和专家打赌的男人。

### 人太浮躁会失去价值

在谈到设计圈时，他对设计界的“超男快女”现象见怪不怪，林子大了，什么鸟都有。他认为做设计，注定是与客户打交道的，你拿了客户的钱去“摆谱”，去“作秀”，去“炫耀”，本身就暴露了自己的无知，可谓无知者无畏。说穿了，设计也是一个服务工作，协助客户解决一些实际问题。

按说你收了人家的钱，即使帮助人家解决了一些问题，也是理所应当的。设计服务程序完成了，设计也就结束了，该收的，收了；该拿的，拿了；你还要展示你的虚荣，到处招摇作秀就令人讨厌了。假如说你做的东西还能得到业界的认可也就罢了，问题是你展示的东西仅仅是一个复制，既没创意，也没价值。另外可笑的是，做得不怎样，还有人为他们做设计论坛，满世界地推崇他们，这种在错误时间，拿出错误的东西去炒作，无偿地挤占着公众的公共视觉资源的浮躁现象充斥了整个业界。

因此，王琼拒绝参加所谓的设计论坛，他反感这种浮躁和作秀，也反感媒体的不专业，同时也谢绝所谓的媒体采访。他似乎和这些浮躁与作秀的势力水火不容，势不两立，并呼吁笔者作为业界评论家给予猛烈抨击。

### 做节点设计不比谁差

在金螳螂会议室桌上，无意间翻阅了他们的内刊，发现一个“节点设计”的专业项目介绍，专门介绍推荐做图纸“节点设计”的工作岗位。对于整套图纸深化的分工，就是专业、专职、专攻图纸“节点设计”。这里不仅有规范的节点图表现，还有颇具创意的“节点设计”材质透视标注图示意，哪怕你是外行，一看便明白怎么操作。

王琼告诉笔者，节点设计师在欧美设计界很流行，他们的工作备受同行尊重，他们的收入已超过工程师。可在国内很多人看不起做家装的，看不起家具设计，看不起做后期设计深化图纸。凡事动辄做所谓概念设计，做创意设计，甚至做什么“软体”设计，总以为设计师做前端概念设计最“牛”，其实这都是很幼稚、很浅薄的想法。赖特做了一辈子住宅，很多欧洲设计师做了一辈子家具，反而成就了他们的事业。比如接力赛，固然做第一棒很重要，其实，最精彩的是最后一棒，前面第一棒往往容易被人超越，反而是接力的可持续性和爆发力更显得格外重要。

安德鲁、库哈斯等一些世界级的大师，非常尊重给他们打下手做深化、做施工图的团队，经常请他们吃饭，与他们一起讨论有关图纸细节。安德鲁说，如果没有他们对自己创意进行创造性深化和有效组织完善，他的巨蛋仅仅是个空想而已，他说他的成功，有他们的一半功劳。

库哈斯说，如果没有他们对我构思做可持续延伸、做论证、做分析和计算数据，我的央视大楼构思仅仅是空中楼阁。

优秀的创意总是离不开优秀的图纸深化处理，其中最显著的就是“节点图”、“大样图”的确认。很多青年设计师并不知道，你看到的最美丽最经典的场面，恰恰是因为“节点”和“大样”图支撑了它们的精彩。设计这个行业本身就是一个由很多系统、很多学科组成的结构空间，每一个人都是阅读空间故事的读者，有些东西你能读得懂，有些东西你未必读得懂。

### 中国设计评判标准太低

现在一些青年设计师，想通过业界设计大赛来展现自己的才华，本应无可厚非，问题是我们的评判规格和评判标准似乎太低，已跟不上时代的发展和审美的发展。如何评判一个好作品，评判好作品的根据又在哪里，获奖理由是什么，这些似乎都很模糊。特别对设计金奖或一等奖等较敏感的奖项，更是婆说婆有理，公说公有理，众说纷纭。每年多如牛毛的评奖，有多少年度大奖，似乎就有多少评判标准。五花八门的评判搞得人们应接不暇，一头雾水。我们只在乎作品好不好看，只热衷于是否奢华，是否有视觉冲击力，甚至，以怪异、媚俗和另类为准则。至于作品的评判数据评估、审美原则、投资回报率、低碳环保指标，投入使用信息反馈等关键评判根据和标准、几乎都是空白的概念。

设身处地想一下，当一个不菲的投资进入设计程序，进入施工程序，进入工程验收阶段，尤其是交付营业使用阶段，其实，每一个阶段都凝结了投资方和设计师紧密合作、相互促进的力量。而比赛仅仅凭照片就能让评委看出哪个是受客户欢迎，哪个是最受市场认可的，简直是不可思议。奇怪的是有些评判仿佛有意逃避客户这个客观程序，关起门来做评判。仅凭作品照片，他们就能判断谁比谁做得好，显然都被参赛作品的表面现象蒙住了眼睛。于是就出现了电脑后期处理的新闻披露报道。这些掩饰作品的恶劣行为，有多少评委能够“火眼金睛”给予识别和揭穿？有些三等奖不服二等奖，二等奖不服一等奖，因为二三等奖的差异，谁也说不上所以然，也无法从学术上说清一个道理。甚至有些金奖“好看”不中用，客户反映投入使用商业回报特别不理想。

如果设计大奖赛评判出来的东西不受客户欢迎，不受市场关注，这样的评比不仅误导了获奖设计师，同时还影响很多人的审美观，尤其是对刚进入设计界的年轻设计从业人员影响很大，甚至会使他们“走火入魔”，越做越没出息。比如普利兹克建筑奖入选提名，是先将推荐和自愿报名的作品，由普利兹克奖评审初步筛选出来，先进行为期一年的曝光，经公众检验。在这一年中，如有公众质疑和举报马上取消比赛资格，并公开宣布三年不得参赛。当然，在这一年中评委还必须深入作品现场给予全面的考察。只有这样的评判标准和系统做法，才能使普利兹克建筑奖闻名世界。

**改良中国的设计土壤**

王琼对设计教育改革也有自己放眼看世界的思路，他觉得当下中国设计界之所以有太多的浮躁、作秀和自我张扬，其实就和我们目前所处的环境、气候和土壤有关。比如欧美很多国家大学有一年的新生适应考察期。老师考察学生，看你是否合适做这个专业，是否有这样的潜质，学生也在考察老师，你是否有真才实学打动我，双方都在相互观察，相互了解，这种在专业上的互动，解决了专业资源的优化配置。

比如说在米兰市区，就有一条闻名世界的设计酒吧街，里面聚集了一批来自世界各地著名的服装、家具、建筑、室内、广告、出版、装置、影视设计师、画家和作家等，王琼发现不同的设计酒吧，不仅有不同的文化、不同的创意，也具有不同的精彩，几乎每一个设计吧都将他们的创意理念和表现手法不动声色地表现得淋漓尽致。他们在相互比拼、相互较劲、相互竞争，将设计做得争奇斗艳。一不小心，你就碰到了一个大师。在那里执教的幼儿园老师里面甚至有研究美学、研究社会心理学的博士，在这种浓厚的教育修养氛围中，不出设计大师都很难。

因此，设计土壤的培育和改造是中国设计界目前所面临的问题。中国设计发展得太快、未必是件好事。就像我们的高铁，不讲究科学规律的盲目提速，显然会出问题的。有时候把速度降下来，把设计作品的量给控制下来，可能会产生一些推敲琢磨的时间，可能会产生一些理性思考和反思的空间，反而会更清楚地看清我们的问题在哪里。

王琼主张做一些比较成熟的产品，而且是商业与艺术结合比较成功的产品，不要动不动把产品说成作品。一个设计师一年中，可能出于甲方原因，做出的大部分只能称得上是产品，如果说一年能碰上一两个比较信任设计师的业主，给予设计师设计创作更广阔的空间，往往这个时候就会孕育一个好作品。

有时候，我们的设计上游——也就是设计卖方的整体审美和修养水平比设计师更重要，假如说，我们要改良中国设计的大环境、大土壤和大气候，不仅仅要提高设计师审美和修养，更要提高整个民族的审美和修养，这才是从根本上改良中国设计土壤的关键所在。

# 中国设计空间观

VIEWS ON

## ——评述宋微建的中国设计概念

-Comments on Song Vjian's Design

### 个人简介

宋微建，上海微建（Vjian）建筑空间设计有限公司任董事长、首席设计师，中国建筑学会室内设计分会任理事、专委会委员，1989年— 2009 年CIID中国室内设计20年杰出设计师。

个人经历

毕业于深圳大学建筑系，曾就职于苏州金螳螂建筑装饰股份有限公司，任监事、副总经理、策划总监。2005年，创办了以个人名字所命名的上海微建（Vjian）建筑空间设计有限公司。

80年代开始从事室内设计，在酒店、老建筑改造、博物馆设计等方面见长，在设计中对中国传统文化进行深入探索与发展，并将崇尚自然、崇尚“天人合一”的中国宇宙观，作为微建空间设计的核心观念。近年来创作了一系列具有“新江南形式语言”特色、影响深远的作品。其作品不造作不沉闷，向世人传递出一种心平气和、纯净洒脱的大自在，大自由。

2009年志愿承接壹基金所筹办的四川省什邡市渔江村灾后重建工程，该工程设计占地面积9 000平方米，安置总人口达1 779人。以现代的设计理念融入当地川西民居元素，秉承当地建筑特色，将村落以依水而居的形式，规划为集商业用房、农贸市场、饮食区、社区办公区、文化教育中心、老年疗养中心等为一体的新农村。

2009至2010年间，多次被邀请作为国内外主办的各大论坛活动的演讲嘉宾及评委，并多次获得项目及个人奖项，他所带领的团队也屡次获得设计业内大奖。

荣誉

项目奖

2009年南通金园会所及上林苑别墅获住房和城乡建设部颁发的“特色中式建筑规划与设计奖”

2007年酒店获“中国酒店设计大师　最佳照明设计奖”

2006年广西贵港国际大酒店获“最佳酒店大堂设计作品奖”

2006年同里湖度假大酒店获中国饭店协会评比的“饭店室内设计一等奖”

2005年苏州老东吴食府雅都店获“2005年中国十佳饭店评比第一名”

1999年葛兰素威康（苏州）制药有限公司获世界著名工程管理公司美国克瓦纳约翰颁发的“项目质量控制大奖”

1998年苏州会计师事务所办公楼获“新西兰羊毛局中国室内设计大奖”

1995年德国国际森林工业展览会中国馆获“最具民族风格特色奖”

1991年国家森林工业馆获　“最佳设计装修奖”并获“最佳设计师”称号

个人奖

2010年获I home颁发的“国内先锋设计师”称号

2009年获中国建筑学会室内设计分会颁发的“1989　2009中国室内设计二十年杰出设计师”称号

2009年获中国建筑卫生陶瓷协会装饰艺术陶瓷专业委员会颁发的“最贴近行业的创新、设计大师”

2009年获中国建筑学会室内设计分会颁发的“中国地域文化精英室内设计师”称号

2008年获现代装饰年度“国际传媒杰出设计师”称号

2005年获中国国际饭店业博览会“中国十佳酒店设计师”称号

2005年获中国建筑学会室内设计分会颁发的“中国室内设计十大年度封面人物”

2004年获中国建筑装饰协会颁发的“全国杰出中青年室内建筑师”称号

2004年获中国建筑学会室内设计分会颁发的“全国有成就资深室内建筑师”称号

团队奖

2009年上海微建建筑空间设计有限公司获“2008年度中国最强的室内设计企业”

2009年上海微建建筑空间设计有限公司获“中国（1989—2009）二十大知名室内设计团队”

2007年上海微建建筑空间设计有限公司被选为“中国饭店协会设计装饰专业委员会理事单位”

代表作品

首都博物馆（新馆）老北京民俗馆

苏州桃花坞木刻年画博物馆（朴园）改建工程

朱家角人文艺术馆

## 入选理由

他崇尚自然，崇尚“天人合一”，如果说研读和探索中国文化传统是他的最爱，那么，不造作、不沉闷、不亢不卑、心平气和则构建了他的空间文化价值观，他创作的“新江南形式语言”，为我们提供了一个全新的语言形态，开创了一代新中式语言的蓬勃发展。

## Reasons for Entry

He admires the nature and the concept of "eternal peace and harmony between nature and mankind ". If to research and explore Chinese cultural traditions is his favourite, we can say his cultural value of space is natural, active, moderate and calm. The new style language of southern Yangtze River he created provides us a brand new language form and promotes the development of the new Chinese language.

现在中式空间似乎很流行，很多设计师一做中式似乎就有一个约定俗成的概念，习惯将花格窗、月亮门、太师椅，也就是定制的中式家具、收来的老木雕和旧条桌等一些中式符号一网打尽。这种罗列中式家具，集中清一色的中式元素，并以中式符号见长的中式空间颇为流行，然而这种流行趋势未必是当下中国人真正的生活方式。

中国人不喜欢中式空间并非是他们的错，而是因为中式空间在中国延续了几千年居然没有什么变化。空间是给人用的，尤其是中式空间的居住方式，一定要适应时代的发展，适应现代人追思古典环境的现代居住生活方式。也就是说我们要以现代人的生活方式，来融入中式古典环境。

那么，什么是具有当代中国人居住方式概念的中式设计？中国概念设计的核心价值又在哪里？

**中式设计是一种文化**

设计是为人服务的，设计注定要与人的文化、情感、精神发生关联。然而当我们将设计元素仅限于收集中式符号上的犹豫不决时，就产生了很多中式符号雷同的情况，缺

# 027

少时代发展的元素，仅仅将一些中式符号收集投放到一个空间，那种千篇一律的中式风格让人感到味同嚼蜡。中式语言从历史渊源来说都是以明清二代逐步形成的中国传统风格为主。随着时代的发展，人们对于明清二代那种正襟危坐的传统风格有强烈的改革需求。大家都知道明清的家具好看而不舒服，尤其是太师椅，坐上去太硬，腰也不舒服，舒适度远远不如欧美家具。换一句话讲，对于中式设计的发展我们不能忽视时代的变化，如果仅仅将中式设计延续明清一成不变的装修风格，那就是一种复制而已，是为中式而中式的。

宋微建在他的“新江南形式语言”上，不仅注重与时俱进的时代感，还特别关注江南地域民俗文化和中国设计概念的舒适度设计。他的中式设计理念与空间构成实践都强调形式与内容的统一，强调历史与时代，过去和未来，现代与古典的对话。强调空间使人心安理得、心情舒畅。不造作、不沉闷、心平气和、不多不少是他中国设计概念的一个真实写照。他推崇有时代感、有地域民俗文化的中式设计，但不拒绝西方极简主义和舒适度的设计理念。他塑造的空间语言形态好像一盘粤菜清淡爽口，有一种去油腻、去

# 030

火气的清淡之感。

我们在他公司设计的办公空间里，可以看到不仅有极简主义的现代风尚气息，也充满了中国古老的禅味，而产生极简主义和禅味的信息传达媒质，却出乎预料的低碳环保：他用隔热保温的竹子做界面隔断，直接用沙浆连接处理不做任何装饰的红砖；用废弃的中式窗格做界面装饰，用旧门板拼成会议桌、做书架，具有一种返璞归真、回归自然的气息。也就是说宋微建将欧美的极简主义与中国传统的禅宗思想，纯朴古拙的自然回归和低碳环保的概念构筑了一个宁静致远、气定神闲的空间。如此清雅的环境不仅给人回归自然的心灵洗礼，还能抑制人的浮躁情绪使人回到平静状态。不论你有多大的“火气”，多少的委屈似乎都能在此得到片刻的安静。

用空间气息和气场控制人的情绪是宋微建近两年的研发方向。尤其以“新江南形式语言”结合现代极简手法、禅宗意识和低碳环保，尽可能将空间做“空”留“白”，给人足够的想象空间。他以为这就是中国空间观的一种安抚精神、舒缓情绪的空间文化。好的空间设计应像一本书可启迪思想，让人有豁然开朗的感觉，也有一种被熏陶被感染

的余味。

**空间文化的表述方式**

宋微建对东西方文化的交流与碰撞曾做过不少研读和探索。例如西医讲究一针见血直接将药输入静脉，迅速解决病痛问题；而中医则讲究气血调理，循序渐进，阴阳平衡；例如西洋油画讲究逼真和写实，而中国画则讲究以少胜多、以小见大，讲究含蓄、意境和写意；西方思想的原点是人定胜天，而东方人的原点是天人合一；中国人的生活目标是与自然协调，生活在自然中，西方则要成为自然的主宰。两种不同的宇宙观决定了东西方文化有本质上的不同，西方挑战自然，东方尊重自然。

在苏州年会全国巡回演讲到成都站时，论坛主办方邀请了意大利著名AM设计公司设计师演讲，在互动环节就有不少中国设计师对他的设计提出质疑。这在以前是很少见到的场景。后来宋微建在与这位老外交流中感觉他的设计太过于"着相"了。什么是"着相"？意大利设计师一头雾水，百思不得其解。他这个项目是中意在上海合作的一个大型项目，他的方案被业主否定了；否定原因就是他挑战了自然，不惜用大量的穿透线条，仿佛万箭齐发，一根根直刺你的眼睛。宋微建说："你觉得这样舒服吗？你看中国古代建筑屋檐的角都是翻卷上翘的，没有直接戳出来的。"宋微建将手指向他的眼睛，问他舒服吗？

按字面解释"着相"，"着"就是戳穿、穿透的意思，"相"就是你的长相。如果将"着相"两字相连，显然有"攻击"的意思。闻名世界能与宇宙对话的脑瘫科学家霍金就曾告诫人类："不要轻易到外太空挑战其他星球，因为其他星球的智慧早已超过了地球，不要去招惹它们，尊重宇宙的运行规律就是尊重地球生命。"宋微建认为现在的世界构架是有残缺的，现在设计都盛行西方的新古典和欧式超奢华的表现，既不符合中国国情，也不符合中国人的生活方式。

西方人对待未来生活包括购置大件商品是透支的，而中国人的生活方式是量入为出、留有余地的。因此老外的设计空间通常大部分气场都是极外溢的、往外流的、个性张扬的；宋微建中国空间设计观则应是藏风聚气的、心平气和的。一个是聚焦能量往外扩张，一个是兼收并蓄、修身养性，东西方文化价值观显然有质的不同。但随着中国在世界的影响力越来越大，中国文化将成为世界大格局不可缺少的一部分，许多老外纷纷来中国寻找设计元素和灵感，在国际设

计界甚至出现了用有没有中国元素来衡量作品是否有“贵气”、是否够“范”、够“时尚”，而我们每天都在中国环境中成长，耳闻目睹中国文化的博大精深，反而丢掉了自己的优势。对自己是谁，对自己老祖宗遗留下来5000年的传统文化认识不足。

丢失自我、崇洋媚外是当下中国设计师面临的问题，一个连自己的传统文化都不屑一顾，往大处说连老祖宗都不认了，往小处说面对自己的长辈都变得冷漠的人，很难想像他有多少中国人的礼仪和骨气。一个没有礼仪，也没骨气的设计师，很难想像他有多少创造、创新能力。

**文化与设计的转换**

当设计表述商业化时，很多人称之为商品；当设计表述做成文化产品时，那就是名副其实的作品。

那么商业与文化的区别在哪里？商业注重投资盈利目的，文化则关注人的思想与情感。其实设计的商业性本身也没有错，做设计不能盈利不能算一个合格设计师。然而设计师将聪明才智仅仅停留在盈利的目的上，即便收入颇丰，成为物质上很富有的人，他仍然不算优秀，很难得到社会和业界人士的认可。于是就出现了设计师挣了钱但没有成就感，这是商业与文化的最大不同。

当然，如果将商业与文化、商业与艺术

结合起来就另当别论了。谁也不能从设计中剥离商业价值的存在。设计与商业，一个是骨架，一个是血肉，有骨有肉才是最有价值的设计。商业一旦与文化联姻，那么这个设计就增加了商业空间的灵魂——思想内涵，只有有思想的、有情趣的、有内涵的设计，才能称得上是设计文化。

然而，如何将文化植入设计中，又如何将有文化气息的思想转化成设计语言呢？空间是靠材料组织、软装陈设表述自己的情感。假如将材料、软装和陈设都看成中文的单词和词组，那么，不同的单词和词组可组成不同意思的表述。假如我们要表述既有思想又有商业、既有艺术又有创意的文化，我们就要找到合适的单词和词组。如果说材料表示单词，软装与陈设是词组的话，那么单词与词组的配合则是一种写作上的修辞方法；找到修辞方法，就等于找到了表达情感的语言方式，也就找到了文化艺术概念如何转换为设计语言的关键。

宋微建用禅宗思想营造办公空间的寂静氛围，用了很多竹子做空间构成，古人曾用竹子比喻君子和廉洁，比如保留了原始的墙，那上面坑坑洼洼，显然有历经沧桑的时间记忆，它有时间的表述；比如说用旧的门板、旧的窗格来做界面划分，就有一种被时间固化的材料气息文化，经过几十年的风风雨雨，门和窗格都有了自己心平气和的气味属性；比如以少胜多、以小见大的界面构成，表面上看很简单，但将空间做“空”却不是谁都能够做到的。实质上他往这种简单表述里输入了很多哲学思想。所谓“睹物思情”就是将历史上某一种材质信息植入进去，即便当初性格很张扬强烈，但经过几十年的凝固，经过几十个春夏秋冬的轮回洗礼，原先所植入的东西都会传递一种时间的磨砺，也会释放一种历史变化的信息。

因此，好设计会传递“好”信息，俗设计会传递“俗”信息，有思想的设计肯定就会传达有思想的信息。宋微建的办公空间设计就有这样的传递思想的文化底蕴。

# 035

# 质朴简约　沉淀内涵

PRIMITIVE CONCISION, PROFOUND CONNOTATION

## ——评述陈厚夫空间语言结构的修辞手法

-Review of the Rhetoric of Spatial Language Structure of Chen Houfu

（深圳）

### 个人简介

陈厚夫,厚夫设计顾问有限公司设计总监,汕头大学长江艺术设计学院客座教授，中国建筑装饰与照明设计师联盟副主席，中国环境艺术设计联盟专家委员会委员，中国建筑装饰协会设计委员会委员，中国建筑学会室内设计分会《中国室内》编委会委员。

入行20年，着重于酒店商业设计。其主持的项目香水湾度假酒店（Perfume Bay Resort）项目参加美国泛酒店空间设计大赛（Hospitality Design Awards）,获得度假酒店（Resort）类别冠军大奖（winner）,这个大赛有许多国际著名的酒店设计公司参加，厚夫设计顾问公司的获奖，是中国首次在美国国际酒店赛事上的获奖，他们更是本届赛事唯一获冠军奖的亚洲设计公司。

荣誉

美国HD Awards酒店空间设计大赛 WINNER大奖

APIDA香港亚太区室内设计大奖赛金奖、银奖等4个奖项

CIID中国室内大奖赛 一等奖等八次获奖

创始人获选为美国Interior Design 杂志 十大封面人物

中国国际饭店博览会上获得“最佳酒店设计师”，“年度最佳酒店设计作品”奖

国际建筑装饰设计高峰论坛（北京）上获评“IAID最具影响力建筑装饰设计机构”

中国室内设计艺术观摩展上荣获“最具影响力室内建筑设计机构”

世界酒店高峰论坛（海南）“最佳酒店设计机构”

中外酒店十大白金设计师

（北京）国际建筑装饰设计高峰论坛上获评IAID“最具影响力建筑装饰设计机构”

IDCFC城市荣誉杰出室内设计师

# 039

## 入选理由

他的作品既有现代极简主义的浓缩，又有中国枯山水的写意；既有东南亚的热情，也有宁静致远的抱负；他的作品聚焦了很多哲学观点，充满了低造价、高品位、朴实低调的文化内涵，为我们展示了一种古老而崭新的设计手法，堪称朴实低调的经典作品。

## Reasons for Entry

His works condense modern minimalism, embody Chinese dry landscape, and show the great passion of the Southeast Asia and the quest for profoundness along with tranquility. Integrating a great many philosophical views, his works are full of plain and implicit cultural connotations of low-cost but high-quality. They display an ancient and new design method and are indeed classic works with a modest style...

CITIC PACIFIC
中信泰富
朝阳海岸

# 041

什么样的人，做什么样的设计。笔者采访陈厚夫快结束时，提出能否看一下他的最新作品，因前面谈的都是设计以外的东西，双方谈兴正浓，突然将话题扯到作品时，他似乎有些不适应，想了半天才憋出一句话：“哎呀，这不瞒您说，我还真拿不出什么像样的东西给您看……”

笔者趁机扇了一把火，说两年前看过他的东西，包括在美国获酒店大奖的项目。不知时隔几年，是否有“质”的变化，还是停留在原来的“老位子”？比如空间主题构思方向性的、语言结构上的、技术与手法上的等。

也许是笔者搬出了他当年在美国获酒店大奖的作品做话题切入，这一刀切下去，怎么也能“切”到一个有分量的作品。他似乎心领神会，打开电脑，好一阵子才打开一个项目说：“这是我最近在海南做的一个地产项目，还没来得及整理……”

笔者曾研究过陈厚夫的作品，语言的质朴、内敛和沉稳之气息扑面而来，功底之深、语言之精，非一般人可敌。当年最令人难忘的是，当大家都蜂拥在梁志天的简约模仿上，同样都是涉足简约领域，他的简约就走出了一种古朴而内敛的路。

这是一个超大型的地产售楼处，也是一个综合性的大型会所。它不仅有高尔夫，也有神州半岛规划和楼盘展示等。陈厚夫在一张黄色的草稿纸上规划了此空间的基本内容和功能。笔者注意到他对空间功能的切割和空间资源分配不仅有规章的部署，而且做得非常细致。哪怕是张桌子，是圆是方，放几把椅子，什么造型和材质都有详细考虑和说明。

当然，笔者认为这是做大型项目必备的基本功，不需赘述。我们惊喜地发现陈厚夫在此空间主题

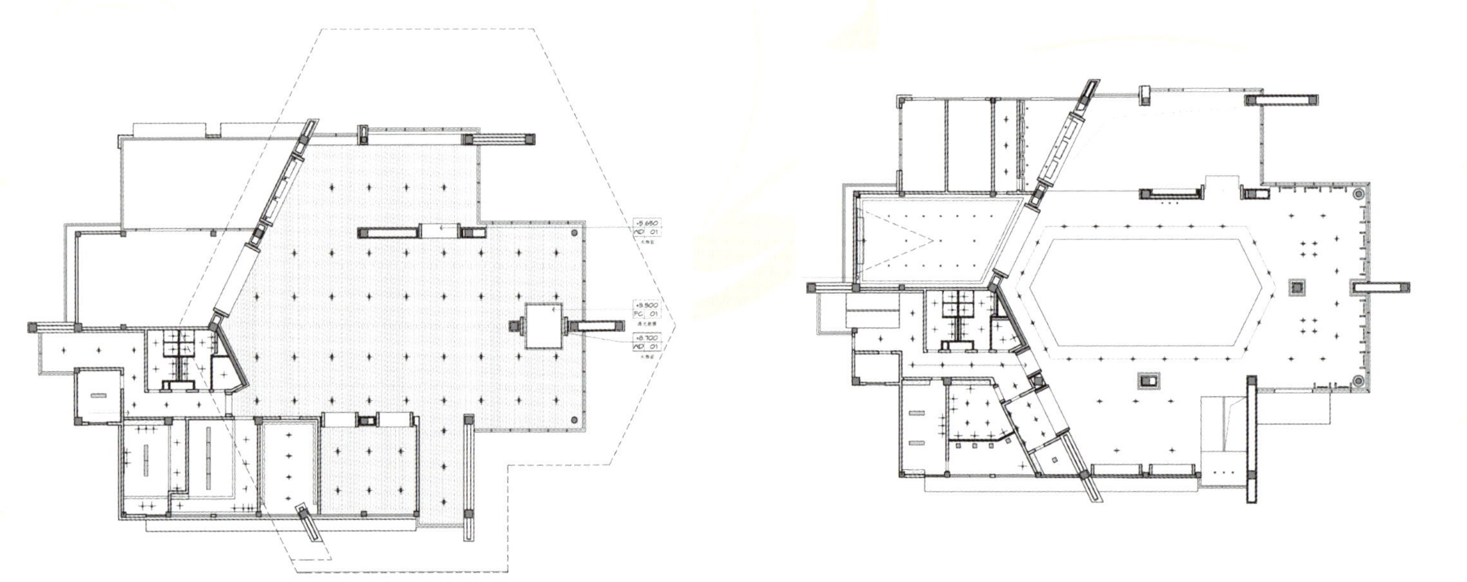

方向的把握上日愈成熟，尽管沿用了他传统的质朴和内敛风格，继承了他以往偏冷峻而安宁的色彩，然而，他还是在继承光大自己往日语言的优势上又往前迈了一步，在超大空间的整体控制上与极小细致节点的点缀上，对于超大空间的大与小、疏与密、虚与实、动与静、冷与暖、阴与阳、取与舍、收与放、开与合之间做了不少有趣的穿插和埋伏，一招一式，其手法也日渐功力，一言一语，其修辞也越来越精练。在大与小空间资源比例切割分配规划上，在动静流线上，尤其在整体与细节关系处理上颇有章法。

笔者发现他的空间效果图，原“人”字坡面的木线条是一气呵成满铺的，只有横向顺坡面方向的整体排列；而在实际操作中，陈厚夫将顺坡面方向的木线条的“块面”做了纵向的切分。别小看这几根凹槽线的出现，它改变了整个“人”字顶坡面的气质，让原来超大面积的木线条，由单纯的横向排序，增加了纵向方面的透视线，不仅让屋面强化分割更趋于合理，而且还切割出了节奏和品位……

当然，这里面仍然还有不少“可圈可点”之处，比如挑空二层菱形、正中间中轴线的对称处理。南北两侧纵向近50米东西悬挑，近6米宽的挑台都是对空间水平挑空的极限挑战。其实，行家都明白，对于上下几千平方米的二层超大空间设计，通常会出现两种通病：一是大空间、大比例。大空间做得太空，所谓空间有余，而设计不足。二是大空间、大透视，大空间做得很琐碎，尚欠把控空间切割功力，尤其整体感不足立

CITIC

起来。然而，陈厚夫却有能力将两者的“通病”一扫而光。

这对于设计师把控能力提出了很高的要求，这不仅需要功力，更重要的是设计师高屋建瓴和高瞻远瞩的境界。通常设计师可以将空间某一个场景做得很成功；但相对而言，其他地方就不敢恭维了。顾此失彼让很多设计师不经意失手的案例太多了。但对陈厚夫来说，他不允许自己在可控范围内失手。

这个颇有“一帆风顺”的主题空间构思，充满一艘大船的想象。有船头，有风帆，也有尾灯。尤其是平面菱形挑空部分对应了“人”字对称坡顶。中轴线上像船尾桅杆挂起的吊灯，从一层穿插到二层，

# 047

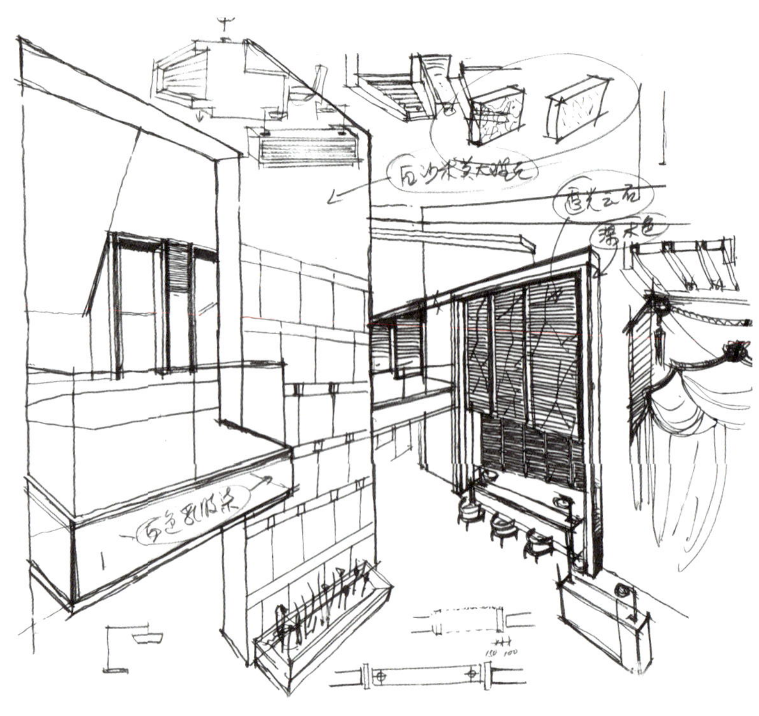

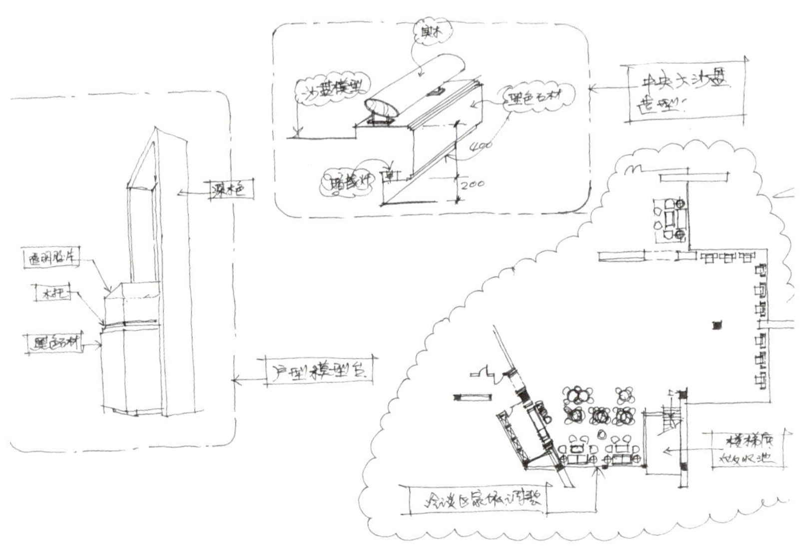

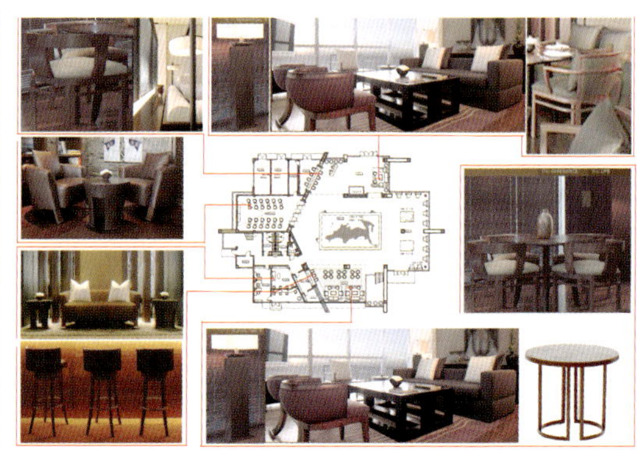

直插屋面，毫不犹豫撑起了空间挺拔的脊梁，可谓出手不凡。如果说像船尾一样的桅杆挂起起航的灯标是陈厚夫的神来一笔，那么，它左侧的一扇贯穿上下二层的门洞之墙，其造型则是本案的点睛之笔，其语言构成修辞手法可谓到了炉火纯青的境界。它不仅将原来的构造柱藏在里面，加强空间挑空的稳定性，同时还增加了一二层来自东南西北方向扫描它的经典美感。为将此美感的设计做到永恒的美，陈厚夫不惜挑战人类对美的设计极限，他将此门洞墙面正反界面开凿了一些垂直向上的凹槽线，试图让此门洞的界面整体性与点、线、面细节高调统一，形成本案系统语言的识别标志和语言修辞手法——严谨中见质朴，简约中见内敛，极简中见沉淀，功底中透露出陈厚夫的设计境界。

同时，我们还发现此空间只用灰、白、黑、木四种颜色，就奏响了空间质朴而简约、内敛而大气、严谨而轻松的现代钢琴协奏曲……既有日本枯山水的空灵，又有欧美极简的通透，同时还有东南亚滨海风味。听上去是那么舒缓、清爽、古朴和沉稳。地面铺的灰色砖、墙上铺的大理石、顶面的红榉木都是我们常见的低成本材料。

用最少的语言、用低成本的材料、用最朴素的元素构成了陈厚夫空间设计最精彩的一道风景线是本案最大的看点。通常在他做的设计项目中，明显的“破绽”是看不到的；然而，不经意的“小破绽”还是存在的。为寻找、发现他的美中不足，笔者运用了语言逻辑梳理法和语言修辞语法扫描对其进行了有趣的分析。

比如在南北纵向的中轴线柱灯的背景上，陈厚夫用了6条垂直瘦瘦高高的屏风，设计的初衷很可能是让此景不让原幕墙上几根横平竖直龙骨的单调进入视线。但实际上，这是空间四个界面唯一可看到海景的界面，笔者以为似乎有些画蛇添足之嫌，天下还有什么东西比得上来自天然的景观？从此案整体节奏上说，无论从整体的大环境到细节小环境变化都考虑得很精彩，尤其空间做到大通透的“疏能跑马”与顶面的木线条的“密不透风”对比做得非常地道，收与放也做得颇为自然。但对于这个能眺望海景的地方，如果能拿走那6个屏风，尤其在远处欣赏，也许整体节奏感觉会更加完美一些。

另外在二层靠近那个门洞之墙左侧，一块极刺眼的超白灯箱“裸展”，未必是最佳的表述；那块刺眼的白颇像在一

# 049

篇文章中删掉了一句话，怎么读也不通。在如此严谨而又内敛的氛围中，既不舒服，也不协调。而在船尾桅杆上高挂的巨大的白色灯箱下，和柱子平行呈纵向的吧台设计，居然不敢面对自然海景的横向设置，似乎有纯粹形式主义作秀之嫌，那悬在头上巨大的灯箱，不仅有泰山压顶的不适，还有偶尔扭着脖子看海景的不舒服……然而这一切都无法否认，此案在经历了语法逻辑分析和语言构成修辞“切片”考察后，仍然是一个经得起挑剔的优秀作品。

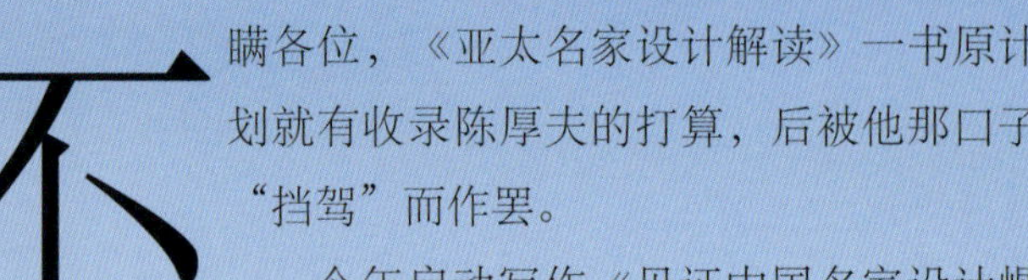

不瞒各位，《亚太名家设计解读》一书原计划就有收录陈厚夫的打算，后被他那口子“挡驾”而作罢。

今年启动写作《见证中国名家设计崛起》一书，采访第一站便是深圳，为弥补上套书没收录陈厚夫的缺憾，这次特别关照有关方面一定要“绕过”陈厚夫“那口子”，直接将他“拽”出来……

一个被另一半呵护而“严防死守”的故事，也许不被外界了解，然而笔者还是明白洪亚妮为何为夫挡驾，不惜冒着得罪媒体的风险，去屏蔽一切骚扰厚夫的东西，尽管笔者不是媒体。从另外一个角度看，可以理解陈厚夫很渴望有个安

# 沉在设计市场最底层的人

## DEEP IN THE DESIGN MARKET

## ——从陈厚夫的世界看他的设计底蕴

—Exploration of Chen Houfu's Design Connotation from His World Outlook

（深圳）

静的设计创作环境，如今这年头，乱七八糟的干扰因素实在太多。他索性在工作时将手机锁定“小秘书”状态，既不接媒体电话，也不接陌生电话，甚至也不接朋友电话，他不喜欢工作时被人打扰。那么，经纪人洪亚妮替夫分忧的责任就由她义不容辞地扛了起来。从此，洪亚妮以“护夫、爱夫”保驾护航有口皆碑而享誉业界。

**我不需要太多信息**

随着互联网的突飞猛进，各类资讯信息像潮水一般，铺天盖地涌入我们这个社会。五花八门的网络媒体迫不及待地要抢夺市场，争得市场的一个份额，抛出一个热点“话题”，搅得整个社会乱成一锅粥，难以平静。而社会精英人士，理所应当是媒体要捕捉的对象。

## 入选理由

沉淀而不浮躁、内敛而不张扬、认认真真做事、踏踏实实为人；一分耕耘、一分收获，一分努力、一分回报。做设计，比的就是心静，比的就是“宁静致远”的境界，谁将内心清理干净，谁就会赢得一个属于他的设计世界……

## Reasons for Entry

Calm and unhurried, introvert and modest, he will take an earnest attitude towards both work and people. Just as the old saying goes, as you sow, so shall you reap. In the design profession, it is the state of mind that really matters. The person with equanimity will surely stand out in the design world...

显然，陈厚夫就是被媒体“追捧”的其中之一。笔者问陈厚夫：“你为什么不接受媒体采访？”

“不是我不接受媒体采访，而是媒体隔三差五，总是莫名其妙重复某一个同样问题，甚至有些不是问题的问题，问得我一头雾水，搞得我哭笑不得。”他形容媒体的“骚扰”没完没了不算，甚至还有些非专业问题让他忍无可忍，他索性开始远离媒体，拒绝媒体采访。

“那么，为何你又接受我的采访？”笔者追问道。

“哦……据了解，你不是媒体，你是评论家，媒体我敢得罪，你——我可不敢得罪。”陈厚夫很幽默。

“那你上网吗？”笔者问道，“做设计总需要一些设计资讯呀。”

他摇摇头：“其实我不需要太多的信息。”他告诉笔者，他的设计不是靠所谓信息拼凑出来的，也不是靠摆谱吹出来的。面对当下汹涌澎湃、五彩缤纷的资讯，他宁可躲在角落发呆，也不愿意去凑热闹。他似乎天不怕、地不怕，就怕无聊的媒体采访和应酬，怕人打扰，怕人追捧。他幽默地说，肚子里就那点“墨水”，哪敢忽悠别人，媒体太抬高自己了。他天生似乎就是安于平静的人，安于孤独的人，他属于静谧时空围绕下才能安静生活工作的人，他是属于躲在角落里，凭实力拉琴，拉出动人乐曲吸引别人驻足聆听的人。

**做设计，心要干净**

凡是梦想进入陈厚夫公司的设计师，据说最难过的面试关，就是他本人面对应聘者，针对设计“心世界”设置的一系列考核。很多慕名应聘者被这一关无情挡了回来。他认为做设计，首先你要弄明白你为何做设计，做设计的目的是什么，如果你仅仅将设计当成一个挣钱的工具，如果你仅仅当设计能挣大钱，如果你仅仅当设计能满足你的虚荣心，对不起，请你另谋高就。

陈厚夫认为设计是先天注定与文化、与精神、与品格发生关联的，它属于文化创意产业，也可以抚慰精神世界，做设计是件很神圣的事情。当然更重要的是，设计是能产生品质、品位和品格的。如果你的心都安静不下来，装着很多乱七八糟的欲念，怎么做得好设计？优秀的设计怎么可能“降生”在不学无术和心态不正的人那里？因此，他为想进入厚夫公司的设计师设置了一道检验心灵的有趣标尺；凡是在这个标尺尺度衡量下能够进入厚夫的平台，都似乎接受了他关于沐浴心灵的洗礼，当然也接受了他面对面的“教诲”，这一把尺度形成了他公司强大的心灵气场。

当笔者问及公司团队精神时，他告诉我，他之所以要设定“做设计，心要干净”的尺度，其实是“滋养”每一个员工的修行，是因为他在业界发现一个有趣的规律，凡是越高调曝光的设计师，其作品越是不怎样；凡是动辄张扬公司一年要突破几千万设计产值的，其实往往做得并不理想。反而是那些默默无闻、埋头苦干、踏踏实实的人成就了他们的事业。他的做法似乎彰显了一个朴素的真理，一个团队是靠每个人的品质支撑的，个人素质决定团队精神，团队精神来自企业掌门人的气质。

笔者发现陈厚夫的气质是厚重的、内敛的、沉淀的、掷地有声的。甚至是清洁干净的、光明磊落的。他给人一种行走江湖，做人要行得正，一身正气的品格风范，堪称业界的极品男人。

**用作品说话，用实力证明**

为验证陈厚夫的品格之气，笔者也查阅了一些资料。按说一个设计企业为竖立自己的品牌和形象，对外做些品牌形象推广无可非议，天经地义。然而，你找来找去，发现陈厚夫从不做通常意义上的品牌形象推广，甚至也不出席社会活动，好像有意将自己“隐藏”起来，大隐于市，和这个社会保持一定距离，颇有两耳不闻天下事、不食人间烟火的味道，以至于笔者当天采访他到中午，他仍然抛出他没有吃午饭的习惯，因为他习惯每天晚上工作，翌日10点到公司吃点东西算是中餐，其实，我们约定10点开始采访，仅仅两小时，弄得笔者措手不及，速战速决，尽管他有花几十万请员工集体出去旅游的魄力，不容我怀疑他的待客之道。

也许读者也像笔者有另一谜团需要解开。陈厚夫既不做设计广告，也不做品牌推广。那么，笔者纳闷的是，作为有百十人规模的设计公司，要养那么多人，他的业务渠道到底来自何方？客户又是通过什么途径发现和找到他呢？

“很简单，”他看我一头雾水，很茫然的样子，说：“主要还是靠作品说话，靠实力证明。”

他告诉笔者，现在在设计师和设计的买方市场上有两大客户群，一是看推广，二是看作

# 053

品。他是属于后者，靠作品说话，实打实、硬碰硬、靠实力证明一切！他现在的一些客户，原先一开始也迷信境外设计，昂贵的费用不说，每次请他们到现场指导有时还摆架子，如逢需要修改和调整的地方，还得看他们的脸色。洋鬼子的做派，让不少国内客户一忍再忍，他们早有寻找中国空间，找中国人做设计的雄心，遗憾的是这样的雄心壮志在几轮探循下来，仅凭靠广告推广找来的东西仍然满足不了他们的需求。

如今找到了陈厚夫，不仅费用降下来了，更重要的是他的作品并不比“老外”逊色。甚至有些地产项目，不论是生活方式的处理，还是品质层面内涵的引领，似乎更符合中国人的生活观。有一知名地产商无意中在海南看陈厚夫做的项目，居然在现场待了半天，东摸摸，西看看，被陈厚夫的设计征服了，一路打听，一路追到深圳来……这样的故事在陈厚夫公司有各种各样的传播版本。陈厚夫靠作品说话，靠实力撑起了一个业界闻名的传奇。地产商认为：能够在现场看到的东西远比网络和杂志上更深入，也更实际。通常网上和杂志上的东西，有“摆弄”和“作秀”的成份。尤其是地产项目，表面的视觉信息和被刻意装饰的元素蒙蔽了很多人。就像网上征婚的信息总是将自己说得天花乱坠，完美无缺，实际一见面反让人大跌眼镜。有视觉冲击力和视觉奢华流行的元素，像魔术一样充斥在我们的社会各个层面。

**要敢于为员工担当责任**

考察陈厚夫的公司后，他还有一非常可贵的地方，就是面对公司上百号人，他有一个观点特别感人。他说作为企业的领导人也好，引领设计师的设计总监也罢，不仅要承担打造企业设计品牌的责任，更重要的还要敢于承担全体员工未来发展的责任。陈厚夫认为一个设计品牌所包容的其实也就两样东西：一个是设计，一个是人。对外说，设计要“牛”，要有东西；对内说，做人要“实”，要有内涵。如果说前者的“牛”，是陈厚夫苦练带领员工内功的结果；那么，后者的“实”，则是陈厚夫在设计界风风雨雨20年，为人踏踏实实真实的写照……

为提高全体职工的福利，增加他们接触社会的频率，公司每年有一次集体出国考察的机会和一次国内旅游的机会。平均每次开支都是几十万，客观地说，这并非每个老板都能承受的，也未必每个老板都舍得在员工身上花钱。其实，这需要一种担当，一种气度和一种胸怀。陈厚夫同时还制定鼓励员工努力学习的奖励机制，如果你肯学习钻研，公司一路绿灯，学费由陈厚夫买单。如晚上有加班，一律按劳动法兑现加班费。仅仅这几样福利就占了他公司相当比例的开支。陈厚夫始终认为，这些福利本身的价值就是员工创造的，没有理由不回报他们，作为企业股东，我们不仅要为全体员工谋福利，还要敢于担当责任。因而“取之于民，用之于民”的朴素哲学观一直支持他做了20年。

他心里搁了一个梦想，当然也是他的打算。随着公司的发展，他积极准备条件，开放合伙人机制，也就是他个人“出让”一些股权，让员工持股。只有留住人才，企业才会长青。他对待遇留人、感情留人、前景留人的“三留”企业可持续发展策略充满了信心。

# 旧瓶新酒

## NEW WINE IN AN OLD BOTTLE

## ——讲述洪忠轩回归理性与自然的片断

## –Fragments of Hong Zhongxuan's Regression to Rationality and Nature

（深圳）

### 个人简介

洪忠轩先生（香港籍），HHD假日东方国际设计机构首席设计师。
香港假日东方国际设计顾问公司及深圳假日东方设计公司董事长．
专业从事于国际品牌酒店、温泉酒店、主题度假村及高端精品酒店设计十几年。
世界酒店领袖中国会评委奖；
在香港获“第16届APIDA亚太区室内设计大奖”金奖；
获“亚太区杰出设计奖”，获酒店空间设计亚太金奖(冠军)；
2003年至今中国“CIID最佳室内设计师奖”唯一获得者；
连续三年获中国世界酒店“中国杰出酒店设计师”；
获“IC@ward金指环全球室内设计大奖赛-酒店类”金际饭店业博览会“最佳饭店设计师”；
2005年获邀美国波士顿举办作品展览；
2009年赴迪拜并担任阿扎曼（Ajman）大学客座讲师；并受聘为四校（中央美术学院建筑学院、清华大学美术学院、天津美术学院设计艺术学院、同济大学建筑城规学院）四导师环艺专业毕业设计实验教学课题暨中华室内设计优才计划奖“设计实践导师”。
洪忠轩先生先后访学于美国、日本、德国、意大利、西班牙、法国、摩洛哥、新加坡、马来西亚、泰国、迪拜及非洲等二十几个国家和地区。创意、敬业、务实是洪忠轩先生的写照，独特的视点和新颖的创意是洪忠轩先生的特征，还出版了多部专集。

## 入选理由

他的作品少了一份惊艳，多了一层质朴；少了一份霸气，多了一层理性；少了一份视觉冲击，多了一层内敛和沉淀。尽管收获不多，但每往前一步，却拧干了作品的水分，挤掉了作品的多余“脂肪”，恰如地其分表述了作品的主题与本质……

## Reasons for Entry

His works are of less amazing effect, but more modesty, less supremacy and visual impact but more rationality and inside information. At every step of progress, the “moisture” and “excessive fat” will be screwed out of his works; this perfectly reflects the theme and essence of his works...

这次去深圳采访，如期与洪忠轩见面。与他见面之前，他派车到陈厚夫处接我时已快下午1:30，因为头一个采访厚夫，告诉我他的饮食习惯，每天只吃两顿，没吃中饭的习惯，对于他“不食人间烟火”早有所闻，没料我到深圳头一个采访却有幸成了传闻中的见证人。

洪忠轩闻后哈哈大笑，嘱咐助理给我端点心水果，并问我是否要到外面吃完中饭再说。他说、“总不能让陈厚夫的不食人间烟火延伸到我这里吧。”面对他的善解人意，我在想，他们两人都是深圳设计圈的实力派，为何在待人接物上的反差如此之大？陈厚夫是问一句，答一句，总处于被勘察的状态，像他的作品，不轻易表露自己的意图，要慢慢品才能感受到作品传达的魅力内敛沉淀，如不舍得力气挖掘，是难以想象的。尽管和两人都是第一次见面，洪忠轩却显得像老朋友那样，没有一点陌生感。他将我拉到房子外面，沿着走廊走到尽头，突然回头说：“看像不像人的大脑？”

他用手指着他设计的建筑，我曾早有所闻，洪忠轩为公司乔迁还做了一次隆重的“右脑风暴”活动，据说连市政领导都慕名为他捧场，成为深圳的头条新闻。都说洪忠轩很有商业头脑，很擅长商业运作，看来是空穴来风，未必无固。

**设计以外的学问**

按照采访习惯，应当事先沟通一下采访的议题和程序，让受访者按采访的要求循序渐进。但在洪忠轩这不管用，他仿佛在执行“谁的地盘，谁做主”。也许早就做好了充分准备，他开始在屏幕上介绍他的酒店设计，介绍他的概念导入，介绍他的理念创新，介绍他的手法介绍他的亮点。一口气滔滔不绝连续为我介绍了好几个最新作品，和看陈厚夫作品像挤牙膏似的形成了有趣的对比。

“你为何不出自己的作品集？”看他有那么多酒店作品，我随便问道，因为据笔者了解，深圳设计师热衷于自费出作品集是闻名业界的。

洪忠轩马上示意助理转换下一个播放内容，坦率相告，他也正在出书，但绝不是设计作品，而是出版摄影作品集。

“我对出自己的酒店作品书不知何故，好像有种疲劳感。”一谈作品集，他仿佛

059

很兴奋，他说他以前做的酒店类型太杂、太多，现在要筛选一些品牌。其实，从做酒店设计到目前为止，据我了解，他好像只出过一个作品集，哪来的疲劳感？洪忠轩认为出书是件很学术的事，甚至也是一件很神圣的事，他不想那么随便将作品仅仅做一个案例的堆砌，那样似乎太浅薄，太表面和太功利。因为每个酒店设计都是一本书，一个故事，都投入了自己的情感，至少在没有好的想法之前，他是不会出个人作品集的。对于出酒店设计方面的书投入的情感，他不想做得太表面，也不想重复别人已走的路，他是一个出手讲究方式方法的人。

据了解，中国30年的室内设计图片总量已达到全球同类图片的200%，老实说他不想凑这个热闹，铺天盖地的设计图片有多少比例是原创的？又有多少是复制克隆的？又有多少人明白其实设计师是图片资源最大的“挥霍”者，也是制作贩卖视觉审美疲劳的最大始作俑者？

接下来播放的是他马上要在香港出版的一个摄影作品集。这是他用了10年，跑了20多个国家，用傻瓜相机拍的一些有趣场面。有大师建筑，也有平民房屋，有景观，也有

生活的某一个有趣场景；有建筑的表皮与肌理，也有地球的地表与水陆泾渭分明的分布；有突发事件的瞬间，也有很含蓄的人物表情；有幽默的场景，也有生活的哲理表现……看完所有的图片，仿佛参观了一个人世间的生活百科博物馆，可以想象洪忠轩在游走世界人文景观与地理风采时，他是用一种怎样心理，怎样的世界观，来观察定格这个复杂而多彩的世界。

他说旅行其实就是最好休闲充电方式，让你发现、让你思辨、让你激动、让你深思，由此拓宽你的眼界和胸怀。当年安藤成名之前，曾游走欧亚几十个国家，实地观摩考察大师的建筑作品，对他日后的建筑设计可持续发展，一跃跻身于世界建筑设计大师行列，显然是很有启迪意义的。他告诉我，在旅行途中每抓拍一个有趣的场景，每发现一个有生活哲理的画面，就是一次思想与眼光、思辨与观摩高度融合的“闪光”。摄影不仅训练了他观察生活、认识生活和体验生活的敏锐穿透力，同时还锤炼了他的判断与

# 064

过滤高度思辨能力，更重要的是通过照相机背后那双眼睛，让他从此想得更深，站得更高，看得更远。

他的酒店设计，显然有不少生活观察和概念灵感是来自于旅行体验。如果说酒店设计是知识和见识的输出，那么，旅行则是知识和见识的积累；如果说一个设计师“只出不进”，那是一件很可悲的事情。

**设计需要营销**

听人说洪忠轩很擅长商业操作与艺术嫁接，翻开他的档案，他曾学过建筑、室内、工业设计、绘画等。2008年奥运会，他还被国家聘为奥运会特许视觉产品设计师之一。他是一个被国家认可、被社会承认、被业界传播的人。他认为当代社会任何东西都有需要设计的必然性，只要是产品都需要营销，酒店设计也不例外。

与其他设计类项目相比，酒店设计也许是最复杂、设计与施工档期最长的一个项目，也是投入资金最多、最有风险的一项系统工程。内行人都晓得，酒店投资少则几千万，多则几亿、十几个亿，如果不出效益，不出回报，那么这个酒店设计显然就是失败的。对酒店投资的风险评估，乃至对酒店实施地的投资环境、消费结构群体、商业定位、建筑形态、区位环境、周边业态发展、气候与温度，与当地经济现状、文化与生活、民族与民俗习惯等都要做系统的评估。它是涉及投资和文化的设计分类形态最高的产品，也是最为复杂的产品。

尤其对酒店设计的营销与策划，更是关系到整个酒店投资是盈，还是亏。比如入选本书的“张家界阳光酒店”是湖南首个省级的半商务、半度假酒店，这个定位的尺度和分寸就很难拿捏。所谓半商务，这里面不仅接待一般的商务人士，还接待当地政府的政要，甚至有接待国家领导人的考量，同时还有接待来自全球各地的观光客的标准规范功能定位。因此，这里面的前期概念与进入酒店最后所实施的主题设计构成走向线素必须丁是丁，卯是卯，一清二楚。也就是说这里面不仅要考量政要与商务需求的概率成份，也要平衡旅游度假观光客每年都在递增的市场发展因素，比如增长的游客入住比例与政务、商务的关系如何处理？好几万平方米空间的酒店资源分配与以上两个因素又是什么关系？这里面就涉及酒店设计营销学。

比如商务空间与入住的社会各界人士的功能资源统筹设计分配，考虑更多的是接待商务会议和各类活动，另外还有接待特定的商业领袖、文化艺术界和各界领导的空间属性考虑；而对于度假空间资源分配体系则考虑的是，酒店是以什么休闲度假主题方向语言来体现？是边工作、边考察、边度假？还是团队式休闲度假，或者还是携老带幼的家庭度假？最难的是不仅要处理好二者之间的关系，还要处理好这二者的语言形态表达的不同性质和特色的兼容性，也就是说，你要在以上不同的文化阶层里面，找到雅俗共赏的共同体，甚至还涉及一些品牌差异化方面的管理定位。这些问题通过设计营销的划分与定位就能够得到解决。

**满足不同的文化**

临走时，洪忠轩送我一套他们自己打印的散装酒店作品，我翻阅了一下，这里面的设计语言既有中规中矩的，也有休闲度假的；既有欧式的，也有现代中式的；既有很前卫的，也有奢华时尚的。可谓是五彩缤纷，丰富多彩。他的作品风格像他的兴趣爱好一样，设计语言和设计形式非常宽泛，设计结构非常多变。尤其是最近做的一些设计，少了一些华丽，多了一些质朴；少了一些霸气，多了一份理性；少了一些视觉冲击，多了一份内涵和沉淀。

他说一个设计师的性格和兴趣爱好，其实就决定了他的设计走向。所谓“文如其人”，设计也如人，大家都明白，当今的世界是一个有着多元文化、多样世界观的社会。酒店也是一样，来自不同阶层的投资业主，有不同文化兴趣背景的投资酒店设计的理念。从另一个方面说，不同的地域，有不同的民族历史文化、风格习惯，地域性在某种程度上比民族性更具有狭隘的专属性，

# 072

并具有极强的可识别性，两者之间的关系都要处理好。比如说业主投资方比较倾向旅游度假，你要研究是属于哪一类的旅游度假文化产品，是商务带度假，还是纯休闲度假，另外当地的文化传播属性是现代的，还是历史遗迹的还原，是民族地域性的，还是舶来品的仿制，或者还是中西合璧，中外混搭，甚至是低碳环保型的。

每一类酒店设计文化语言都有自己的专属性和专属权，每一类都有不同文化背景的诉求与表达。但无论你怎么表达和展示，揭示酒店设计的文化专属倾向，是衡量酒店设计内涵的一个重要指标，而你的酒店是否有一定的文化专属性，意味着你设计的酒店层次归宿感划分，是属于哪一个消费阶层，哪一个文化阶层。

**旧瓶新酒**

人们会发现，入选本书的酒店作品，其实和其他酒店相比建筑与内部结构并没什么很特别的地方。从手法上说，空间构成是极为传统的中轴线对应方式，以对称、均衡见长，以旧瓶灌新酒著称，只是设计师玩了一个概念而已，巧妙地借用当地苗族的民族文化——首饰、服饰和当地的生活用品符号做酒店的概念设计。也就

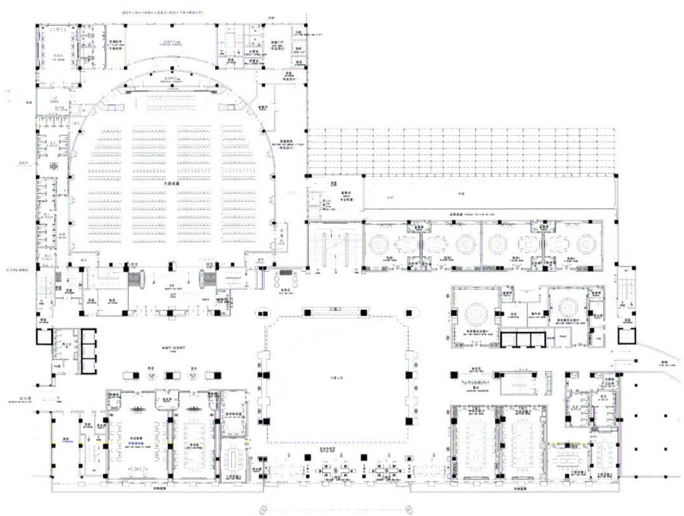

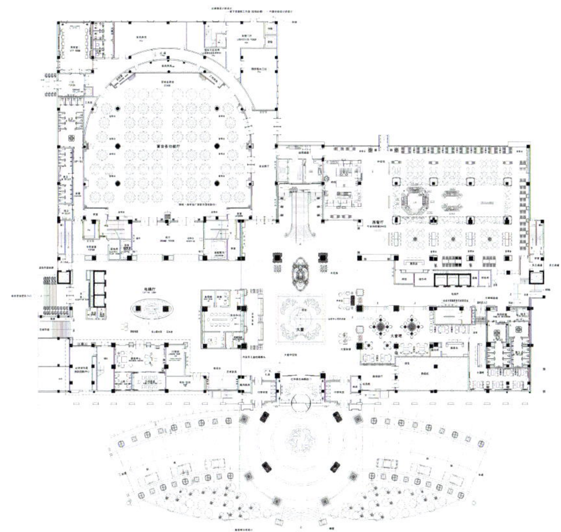

# 074

是说洪忠轩用苗族文化给酒店定制了一个具有民族风味的外衣，做了一个极具地域文化的酒店。

通常酒店都有一个主题方向的表述，我们发现洪忠轩用苗族的头钗做大堂的壁灯，不同凡响，别具一格；用唢呐造型做接待台的夸张装置，具有相当强的识别性语言定位；用当地的银杏做地面和接待台图案，建立酒店识别符号；用苗族姑娘的银饰——胸挂，做大堂的正立面的设计构成，大气而别致；用水晶线帘做大堂的灯饰，奢华中彰显一些质朴的美，用民族民俗符号去概括酒店设计的地域文化语言，其实就是一种酒店设计语言创新，设计师将这一些少数民族生活的元素提炼放大，巧妙地运用在酒店设计上，让我们感觉到一个充满了地域的、民族和民俗文化的氛围扑面而来。

另外，牛角酒杯倒酒铜雕超大尺度的设计，也给人留下了独一无二的感觉，这种生活形态的新鲜性和唯一性都给人留下了深刻印象，尤其是用当地的鼓做成一个大型的装置都是本案的看点，酒店还有一些漏窗的设计风格也特别精致。

最有趣的是洪忠轩这些手法统一在一个很古朴，很具有民族风格的主色调中，整个空间的调性看上去好像是保存百年的一把旧铜锁，既有古铜色被岁月磨砺的那种暗中有亮、亮中有暗的质感，又有当地民族、民俗文化传承的历史沧桑感，这是洪忠轩近两年酒店设计不可多得的又一力作。

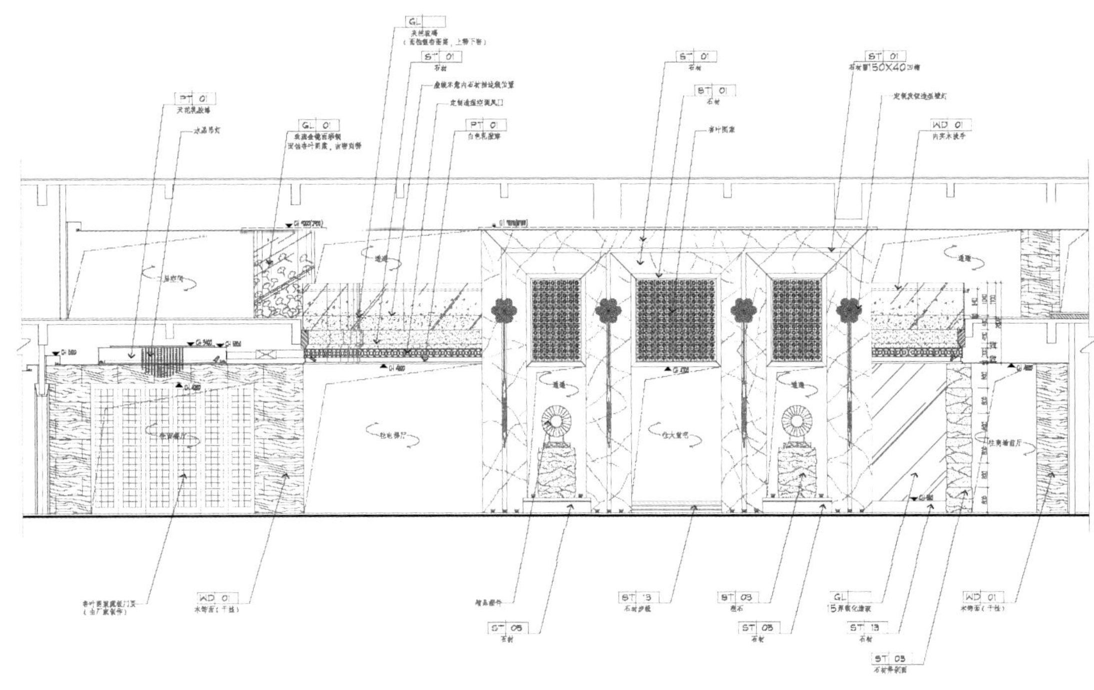

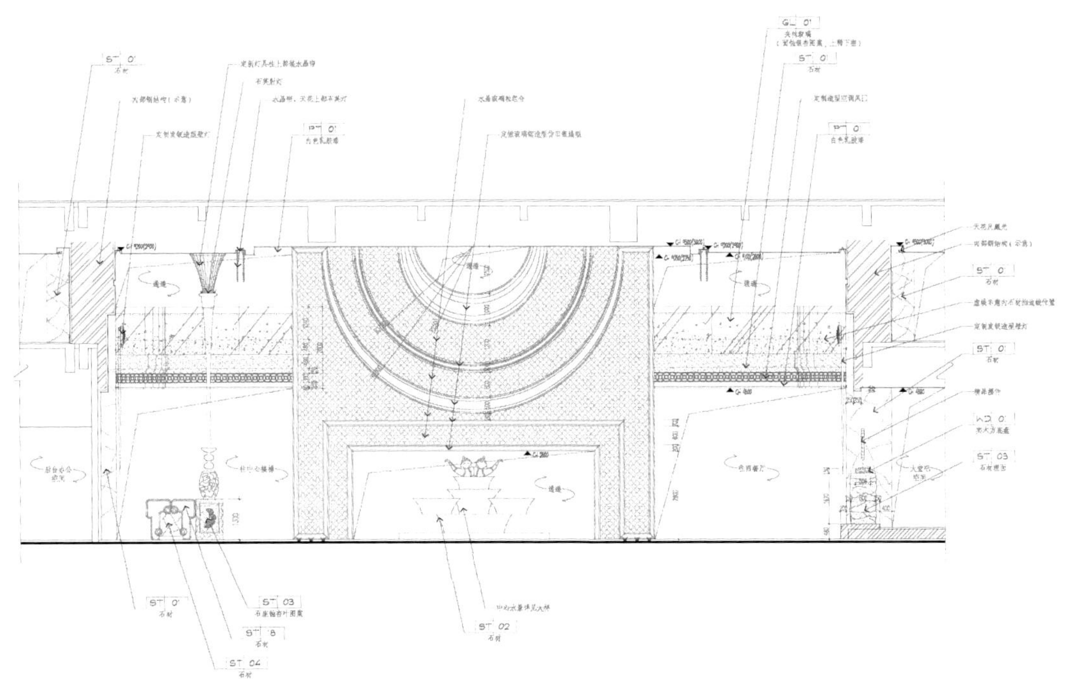

## 个人简介

余静赣，人称余工，江西省九江武宁人。广东星艺装饰集团创始人，庐山艺术特训营创办人，江西美术专修学院董事长，十方建筑创始人，北京大学文化研究员，清华大学MBA工商管理硕士，北京师范大学哲学博士，孟加拉达卡大学、江西师范大学、上海东华大学等几十所大学的客座教授，国家高级建筑，IFDA国际室内装饰设计协会中国区副会长，广东省建筑装饰行业协会副会长。多年从事建筑及家庭装饰设计，坚持钢笔手绘创作，专著有《欧洲建筑语言符号》、《木街诗画》、《山墅诗画》等。

90年代初，在360行里压根就没有注册家庭装饰这个行当的时候，余静赣先生就带领家乡子弟在广东打造出中国第一个全新行业——家庭装饰，打造出星艺、华浔、三星等装饰知名企业，由此带动江西武宁几十万人致富，成功扶持3 000多家公司，培养业界10 000多名设计总监。因为群体效应，武宁也因此有了“装饰之乡”的美誉。现如今，余工创建的广东星艺装饰有限公司在全国65个大中城市拥有分公司1 000多家，员工达5万多人，年产值近20个亿，是中国装饰业第一品牌。余工由此被《纵横》和《人民日报·海外版》誉为中国装饰业界奇才，“中国家装之父”。

2003年，为了给国内外设计艺术人员提供一个可以交流学习的艺术设计平台，推动中国设计艺术走向高端，全面提高中国建筑家居设计水平，培养更多的设计人才，余静赣先生投资近2亿元在家乡武宁创办了庐山西海国际艺术学院，紧接着取得了江西美术专修学院办学资格，每年有来自全国600多所高校的近8000多名大学生前来特训营接受艺术特训，为国家和业界培养了4万多名优秀人才。

余静赣先生发起创办了十方建筑，为农村老百姓盖房子，设立“绿十方建筑基金”支援汶川、玉树等灾区建设，送优秀人才出国留学，帮助贫困学子完成学业，扶持大学生创业。中央电视台新闻联播节目为此报道了余静赣的事迹，余静赣先生也因此先后被评为“江西省十大创业先锋”和“感动九江十大人物”。

# 建筑草图思考录

## COMMENTS ON SKETCHES BY YU JINGGAN

### ——观余静赣的建筑草图走向

—On Yu Jinggan's Design Inspiration

（九江）

## 入选理由

他的建筑草图不仅有自己的思考，还有行云流水的流畅和电闪雷鸣般的创意碰撞；同时还充满了很多哲学思考；他的建筑草图语言寄托了一个建筑师对空间、对自然、对人的尊重，堪称建筑草图的思想家和付出实践的探索者。

## Reasons for Entry

His sketches not only features his own style, but also combines with natural concept and creative ideas. At the same time, his works are full of philosophy sense, presenting his respect for space, nature and human being. He deserves the title of great thinker on architectural sketches and explorer always keeping forward.

于老出差，余工养成了画建筑草图的习惯。他画草图颇像别人写日记，有些三言两语，概述心情；有些有感而发，情不自禁融进了自己的观点；还有些需要认真观察和对待的，他可能破费一些时间，尽其所能，描述他对事物的准确客观看法。

建筑大师安藤忠雄曾说过，从一个建筑师的草图笔记轻重浓淡和表现手法，就能看出建筑师的审美世界观。笔者看余工建筑草图所流露出的感情，仿佛承担了某种责任感。他画的一组北京奥运会场馆草图，几乎都是短短十几分钟内完成的。笔尖的起与止、取与舍、快与慢、粗与细、收与放、点与线都饱含余工对大师进入设计创意草图过程的体验，甚至能感受大师在设计创意中的那份灵感再现。短短的十几分钟内，他似乎对这些大师在创作奥运场馆所寄托的创意灵感，做了一次心灵的旅行，分享了大师的创意精神。

余工将这些连接着大师气场倾泻的情感速写，当礼品赠送他的学生。如果说这些速写草图浓缩了大师的创作的灵气，经过余工的体验速写转给他的学生，不知道他的学生是否能从余工身上沾到他和大师的一点灵气……

笔者曾在庐山听过余工关于草图快速创意的演讲，他说草图快速创意核心，在于落笔极速运筹帷幄之间，那种瞬间万变、稍纵即逝产生的信息流，像潮水般涌进他的脑海。笔尖所到之处所向披靡，几乎无所不能。能否快速搜索到淹没在深处的草图创意灵感，完全取决于脑、眼、手三位一体的运行状态，每次当他进入草图状态，好像瞬间扎进了浩瀚的知识库，有取之不尽、用之不竭的东西。仿佛全身心为草图创意走向的发现和捕捉都产生了巨大的动力，并不时地推动着笔触产生撞击灵感的“电闪雷鸣”，照亮了漫漫黑夜。而由笔触触动的“头脑风暴”，让草图思维风暴侦察到最有价值的设计灵感，也是余工操作草图快速创意最快活的一件事。

其实，对于一个知识辞海满负荷运作的人来说，笔触的流动不仅是思想的流动，也是创意和灵感的流动。笔触一头连接你的修养，一头连接你的审美。假如修养能让草图创意更接近灵感，那么，审美则能让创意插

# 079

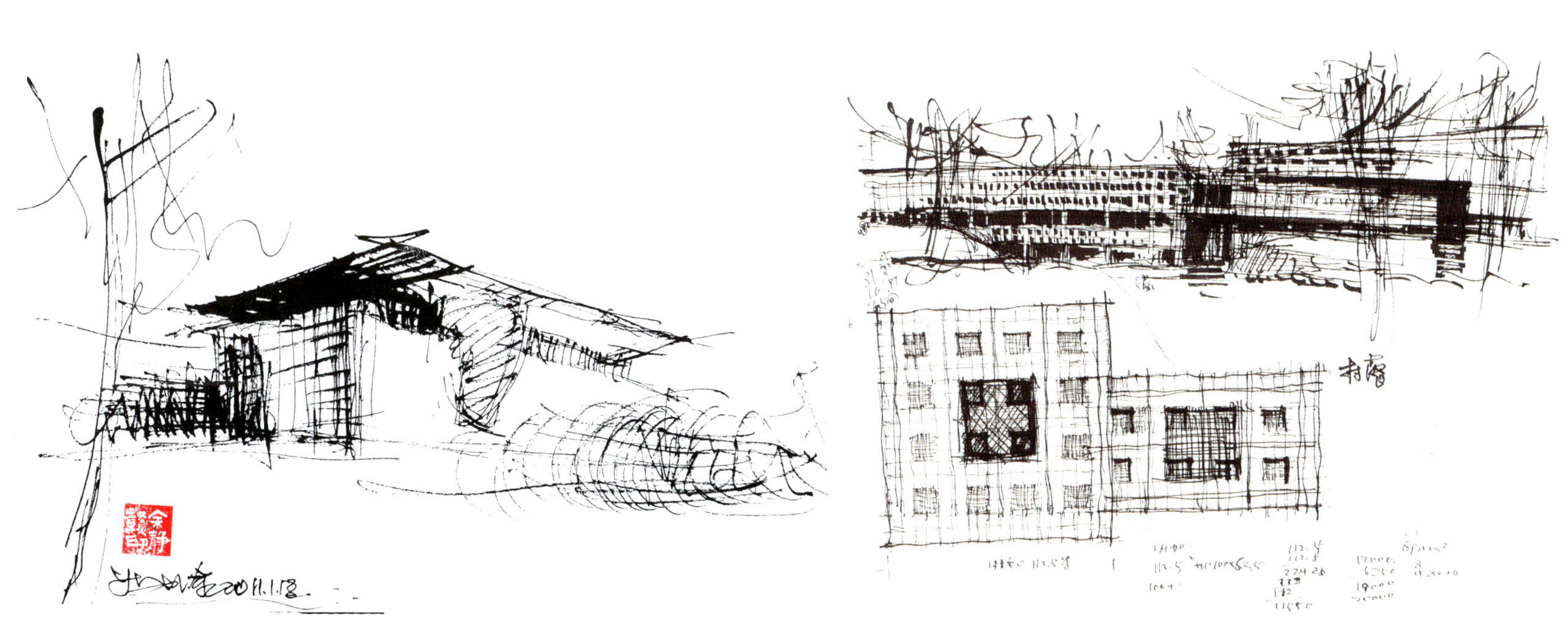

上海城隍庙街坊
祥泰
2010.7.4.

上思想的翅膀，飞向创意的彼岸。

余工的草图还有一类是他自己学校未来的规划，这里面倾注了他很多心血，只要有时间，他都会在规划草图中投入更多的思考，哪怕去卫生间，坐在马桶上，他也不放弃思考。我们发现两者之间有明显不同的思考：前者从模仿大师奥运场馆的速写中，火力快速侦察大师构思奥运场馆的灵感，是体验大师设计创意最便捷的方式之一；而后者则在学校未来规划中，将大师的设计创意精神发掘出来并移置学校规划是余工最多的思考。他想用最经济的投入做出最有创意的规划，学校草图规划充满了乡村建筑学的走向。草图细腻而大气，质朴而实在，让学校未来规划更趋于回归自然，回归实用，回归效益。

是否可以这样说，余工的草图创意规划虽然不能和建筑大师安藤忠雄相提并论，做出举世瞩目的建筑作品，然而，他的草图创意规划寄托了他对创办教育、推动手绘艺术设计的社会责任感……

余工，一个普通农民的儿子，他热爱教育、惠顾他人、热心慈善、培养人才的社会责任感感动了很多人。

百年老店，
上海城隍庙
2010.7.7.

EXCLUSIVE DIALOGUE BETWEEN SENIOR COMMENTATOR MAN DENG

# 资深评论家满登独家对话余静赣设计师思想境界

AND YU JINGGAN: MENTAL REALM OF DESIGNERS

“我觉得设计师拥有手绘技能是他的基本功，一方面是艺术的修养，手绘好的设计师相对的艺术修养较好，在手绘草图过程中，潜移默化地会提升设计艺术，这是一个沉淀与感悟的过程。二是手绘表达可以快速地表达自己的想法，有一种灵感触发和精神的东西在里面。同样是做一项工作，手绘表达好的设计师会快乐潇洒些，会在某些方面有着更多的自信，手绘的意义在这三个方面能够具体体现。当然，电脑好的设计师也能拿出创思也能有艺术修养，很多都是相通的。但是手绘的修养可以更加的直接，电脑会有很多的限制，如模型、图库等，创作会弱一些，靠电脑表达会影响设计师的创作思维。从某种意义上说，手绘表达是一种思维，这种表现手段包含很多的思考，通过笔在纸上画，思考是贯穿始终的，由此会带来很多的创思。”

# 087

**满登：您投资近2亿元在家乡办学，获得了很多社会荣誉，作为一个建筑科班出身的设计师，您是否认为自己已偏离了您的专业？您在专业道路上的投入与当下投入艺术教育显然是不同的两个概念，您如何看待这两者之间的区别？**

**余工：**对于这两个问题，我是这样看的，在家乡办学的目标是做强中国艺术设计，创办的学院包含建筑设计专业，其实就在专业方面符合了我的需求，与艺术设计无关的专业不会开。我从事设计工作30多年，10年做建筑设计，20年做室内设计，室内设计相关的知识相比较而言稍微局部一点，但是就这点来说，办学校我认为还是符合我的本意的。

至于说在专业的投入上，我从事了30多年的建筑设计和室内设计，设计了许多工程，积累了一些经验，做了大量的案例，因而我觉得我还是学以致用的。从某种意义上说，我创办学堂，投入教育事业，能够将自己的实战经验结合起来融入到艺术教育之中，就是对我所学专业的延伸。我们办学与中央美院等艺术教育是有区别的，我们只开设三大专业，第一大专业是乡村建筑类；第二大专业是水彩类，纯艺术表现与建筑空间表达是有紧密联系的；第三大专业是雕刻艺术类，实用工艺艺术也是室内空间、建筑空间、景观空间等所需要的。这三大专业都和我的老本行——专业建筑相互关联，学院在这些方面找到了一个汇合点：艺术、设计、实用、空间，彼此关联在一起，就是对专业的进一步拓展。当然，我希望在艺术教育方面为国家、为行业摸索出一条新的路子。

**满登：您创办的庐山手绘艺术特训营闻名业界，您画的手绘设计也很棒，您觉得拥有手绘技能的设计师与不会手绘的设计师有什么区别？手绘对设计师意义在哪里？**

**余工：**我觉得设计师拥有手绘技能是他的基本功，一是艺术的修养，手绘好的设计师，相对的艺术修养较好，在手绘草图过程中，潜移默化地会提升设计艺术，这是一个沉淀与感悟的过程；二是手绘表达可以快速地表达自己的想法，有一种灵感触发和精神的东西在里面。同样是做一项工作，手绘表达好的设计师会快乐潇洒些，会在某些方面有着更多的自信，手绘的意义在这三个方面能够具体体现。当然，电脑好的设计师也能拿出创思，也能有艺术修养，很多都是相通的。但是手绘的修养可以更加的直接，电脑会有很多的限制，如模型、图库等，创作会弱一些，靠电脑表达会影响设计师的创作思维。从某种意义上说，手绘表达是一种思维，这种表现手段包含很多的思考，通过笔在纸上画，思考是贯穿始终的，由此会带来很多的创思。总而言之，手绘对于设计师的意义在于：手绘是一种艺术精神，会手绘的设计师做设计不会觉得枯燥，他们意气风发，创意无限，因为有了激情，有了爱好在其中，因而手绘同时也是艺术文化的积淀！

**满登：您为灾区捐三年生命的承诺和实践感动了很多人，但您若不去灾区救灾，也不会有人说您，因为您投入艺术教育的事业教诲莘莘学子，已然很繁忙，您为何对灾区家园重建非要身体力行？**

**余工**：我支援灾区三年建设的承诺，不是有计划的，而是一种本能的冲动。当时我正在成都讲课，亲身经历了大地震带来的震撼，看到那么多的生命因为不抗震的建筑而失去，深切感到不符合规范的建筑真的是要人命啊。我知道重建需要大量的建筑师参与，因此我觉得应该担负起一个建筑师的责任和义务。当时，我没有考虑到三年呆在灾区会给自己的生活、事业或未来带来怎样的影响，我只是凭着一个建筑师的本能来做决定的。我觉得三年基本可以完成重建，所以做出了三年的承诺。我本人直接在灾区有一年半左右的时间，因为团队建立起来后就没有必要天天固守在灾区。2011年6月1日布瓦寨十方学堂的竣工为我们三年支援灾区的计划暂时划上了一个句号。我认为，这个三年很有意义，在支援灾区建设家园的同时，我们也收获了很多。三年来，在灾区了解到中国农村的建筑现状，知道国民在抗震建筑知识上还有哪些缺失，作为建筑师，我们获得了很多第一手资料。在实践中，我们清晰地认识到建房的选址非常关键，在断裂带以及河流等不稳定的地形上建筑房屋，哪怕没有地震也会存在很多的危险的因素，这一点很关键。我们为灾区农村提供了2万多套农房设计方案，这些都是在了解当地建筑风格、建筑空间的基础上展开的。汶川山寨2000年左右的特色建筑保留得很完整，这很难得，从中我们获取了很多专业知识，也结识了很多朋友，所以支援灾区家园重建是很有意义的专业操守与操练。

**满登：大家都知道，您非常注重对青年学子的品行和意志的培养，尤其是倡导“名师点灯”的思想启蒙教育，它对学生的成长具体意义何在？**

**余工**：自己经历了几十年的社会打拼，深深体会到一个人的品行与社会责任，性格修炼不到位的话，事业就不好做。性格修炼首先是要从个人的职业良心、事业胸怀和意志力着眼的，很多的设计师，想做一番事业，但是常常因为这样那样的原因做不下去，就是因为没有意志力，才会半途而废，以至于频繁地换单位、换岗位，结果缺少事业的磨炼。因而，我培养年轻人，尽量在给他们知识学问的同时，加强意志力的培养，意志力往往决定事业的成败。在办学上，注重这些课程的安排。品行意志是怎么来的？不是课堂上随便说说或者开展远足就行的，关键还需要他们能够透彻地认识，成为每个学子思想的指导，这样才能够点亮他们的心灯，从而得到很好的品行指导。我认为，坚强的意志，不是说走50公里就很坚强，要明白意志力和人生的观点是紧密相连的。“名师点灯”有时候一句话就点亮了一盏心灯，一堂课就点亮一个人的一生。古话说“三人行必有我师”，人人都需要得到别人的帮助，得到社会认可的。导师的作用就是让学子少走弯路，这些对于青年学子是需要的。

**满登：您曾为8亿农民住宅规划市场前景，那充满前瞻性的描述很精彩，那么如何定义中国当代乡村建筑学？您创办的这个专业有什么特色？**

**余工**：这是一个比较沉重的话题，8亿农民，有房有地的，但是，基本上没有人为他们做规划，做设计更谈不上。乡村，没有设计师、建筑师在行走，这是一个怎样的空白？8亿人，是几十个德国，几十个法国，几个日本、美国的人口总和啊！在这广阔天地里，却没有设计师来参与，这个问题很严重。乡村建筑学是培养专门为农村做设计的人才。现在城里的设计师很难深入乡村，城市建筑几乎进行了量化，而乡村建筑却没有人考虑。现在乡村建筑都没有朝向，没有格局。家居与种地养殖的关系，农民放下锄把需要洗脚、洗手，厕所需要卫生规范，农村用水系统的安排与再次利用分配等，都没有人去思考。乡村建筑有自己独特的方面，虽然也可以借鉴城市的设计系统，如供水供电等，但是也有绝对的不同之处，如乡村养猪，城里养宠物，走廊的走向，农村牛走的道，猪、鸡、鸭豢养等都要考虑，这个专业的特点是讲究结合自然、充分利用自然以及当地的建材和气候条件。农村生活环境是不一样的，城里没有这样的平地和环境；而且乡村的地域性非常强，使用功能方面，更多的要考虑农田和生活；乡村建筑学不需要太多考虑市容市貌，觉得好用、好看就行，也许很土，但是舒坦、适合就是好设计，设计相对讲究也比较大些，这些是乡村建筑的三个特点。乡村建筑分布比较散，成本比较高，这些都是全新的课题，因而对设计师综合素质要求比较高。乡村建筑方面的人才要求会施工、会管理、懂材料，是全方位综合能力比较强的人才。特别是乡村的建筑结构或水电或暖通等方面，不可能单独有这方面的专家来服务，一个设计师必须涵盖所有的知识，注定我们的设计师必须是多面手。

**满登：您在吃、穿、住、行上都没有太多的欲望，尽管是一个身价和资产过亿的企业家。您这种朴素的世界观是否与当下流行的财富观念格格不入？您是否感觉您不太入流？换句话说，给人的感觉是否太落伍了？**

**余工**：客观来说我不缺钱，但是事业的投入都是靠我们自己一点点挣的，虽然也有一定的相关扶持。可是，帮助家乡人办学校、扶持学生出国留学、聘请名师前来点灯等的投入都是非常大的，面对这样庞大的资金需求，我不能算是富有的，甚至可以说是比较拮据的。钱要花在刀口上啊，因而不容许我在吃、穿、住、行等方面讲究奢侈，我也希望有好的车、好的房子，吃好的、穿好的，过舒适的富人生活，但是我的条件不容许。目前清淡的生活，也是我心甘情愿的，现在的日子和以前相比已经好很多了，天天热热闹闹像过年一样，多好！我不需要买车，这笔钱就可以用来干更有意义的事情。对于落伍这个问题，稍微有点知识文化的人不会觉得我落伍。因为我的消费观念在事业上，不在个人享受上。人生在世，地不过三分，衣不过六尺，我也不缺什么，并不落伍。因而，不管到北京、到清华大学、还是到企业面对大学者、大总裁，我都不觉得寒酸。我真正过着内心平和的生活，在大自然中诗意地栖居，有小鸟的欢叫，有田园生活的乐趣，有我想做的事情，很高端，很多人一生努力追求的不就是这种生活吗？而我已经有了。

**满登：您学的是建筑学专业，但您现在却全身心投入到艺术教育，这是两个不同概念的领域。从建筑专业跨界到艺术教育，您适应这种跨越吗？您为何如此痴迷艺术设计教育？**

**余工**：这两点我结合得比较好，我投入的艺术教育，立足点在设计、水彩、装饰艺术，其他的专业不铺展，如果是三大专业的需要，其他的课程就会作补充。艺术教育需要有人牵头去摸索，不是懂教育就能办好。蔡元培是伟大的教育家，但是他不一定什么都懂啊，他同样做好专业繁多的北大教育的带头人。他要做的是在校训、艺术宗旨、文化教学理念、社会责任等方面给学校定位，这是一个大方向，是办学的宗旨所在。与自己本身的专业关系不是很大，不是说，一定要有纯专业知识才能办相关的教育，更多的是服务国民生计的某一方面。我办学院，专业与我本身的专业还没有太大的跨越，但是教育对于我是一个新的挑战，可是我可以请专家来做校长啊，比如张友苏教授，从事教育35年，他在大学当过艺术学院的党委书记，担任过商学院的党委书记、国际艺术交流学院的党委书记，教过管理学的课程，他对教育应该是个行家里手吧？至于其他专业，我们不懂，也可以聘请专家啊。不拘一格用人才，在年轻人里提拔懂艺术的有志之士共同打造这份事业，这与我本人学什么专业是两个概念。当然，我也不会脱离专业，有时候我自己还要做设计，隔三差五接几个方案来做，比如最近在帮田秘书长做别墅，公司大的设计客户指名要我做的我也会做，一年做几个，我最近就在做江美的校园设计规划。办学稳定后，我还准备投入乡村建筑，利用自己专业为农民做设计，我不痴迷办学校，随时可以跳出来做老本行。这叫拳不离手。

**满登：很多杰出的设计师都是因为项目设计而成就了自己，闻名业界。作为建筑师，您却是以艺术教育的传播成就了自己，也因为造福家乡赢得了很多荣誉。您怎么看这两者的关系？您怎么衡量一个设计师的境界？**

**余工**：关于设计成就和个人荣誉的问题，我也很羡慕像安藤忠雄等闻名世界的建筑师，羡慕那些做出很好的教育成就的艺术教育家，四川美院的罗中立院长，他不仅在艺术教育上卓有成就，而且本人的油画创作也闻名全世界。我羡慕的不是荣誉，而是他们能取得这样巨大的成就。我从来就不是为了追求名誉而做设计传播，我是发自内心的热衷于这项事业，想做出一些成就来，从而实现人生的价值，人活在世上，总要做一点有意义的事情吧？能够做世界上闻名的建筑师，能够设计世界上被广泛认可的建筑，也是有创作的欲望和企图心的，这也是事业的动力所在啊。一个好的设计师要经过很多的关卡，有这种欲望才能排除万难，建筑大师拿到荣誉和奖项，同样是对他们劳动的肯定，也会鞭策他们做得更好。我如是想，如果办好教育，培养出更多优秀设计师，那不也是一项有意义的大设计、大工程吗？给我三至十年的时间，我有信心把艺术学院办好。我现在还不老，50多岁，我还有20多年可以打造自己喜欢的事情，打个好基础，然后让年轻人再接着拼搏。到时候我就可以抽身，我有信心潜心乡村建筑设计，同样能够让大家知道余工，我还怀抱着设计出经典作品、成为教科书上参考的经典案例的雄心。我出名了，学院就更加出名，招生就会更好，也能够留住更好的人才，这些都是不矛盾的，都是事业的组成部分。如果设计用自己的真才实学出名，说明他在用心做，他用劳动和创造证明了自己的价值。诚然，很多默默无闻的建筑师，也很伟大，也很棒，比如灾区，多少代工匠的手才成就现在的建筑特色与经典，他们也是用毕生的精力在投入一项事业，所以这样的人都值得尊重。所以，境界有高有低，利人利己是高境界，不高做不出好的设计，一个优秀的设计师首先要学会做人，这是毫无疑问的。

**满登：有人说当下社会是一个追逐“名利”的年代，作为一个成功的教育家、思想家和企业家，您如何看待“名利”？**

**余工**：上面已经谈到了，人生三件事：吃、睡、拉，这是本能，三件事能够保证，其他的还有财富、名誉、权利，没有钱就不能办学，不能帮助农民做房子，追求财富也是对的；名人做事更方便，更能实现自己人生的理想；权利是国家给予的、市场给予的，有权利能够调动更多的人，团队力量更大，人生价值体现会更高。当然，原则是不损人利己，要利他利己。为了他人，自己也同时会得到回报，我目前就是这个境界。

**满登：以您的睿智思想和独到的眼光，对于那些学习建筑或室内设计的年轻学子，您有什么建议给他们？**

**余工**：这个采访，问题都很到位。其实对他们的建议，在前面的谈话中，我已经回答了很多。比如说名利观、价值观、世界观等，我想强调的是：人生要树立为大部分人谋利益的价值观，年轻人刚走入社会，面对很多选择，在选择面前首先要确立正确的人生观念，假如出发点不对，下面的路就会很难走。有了正确健康的人生目标，才能得道多助。目标远大，脚下的路才能越走越宽敞。在找准用力方向后，就要坚持、坚强、坚定，遇上挫折不能急躁，要学会反思，要不断虚心学习，在过程中学会调整路线和方案，但是目标不会变。上善若水，水的目标就是汇集到大海，经过千难险阻，经过重重阻隔，最终它们汇聚成力量，托举起大帆船！

# 磨刀不误砍柴工

## ——谈陈卫新与他的小盘谷

A BEARD WELL LATHERED IS HALF SHAVED
—Chen Weixin and His Small Winding Valley

（南京）

### 个人简介

陈卫新
高级室内建筑师
南京筑内空间设计顾问有限公司 总设计师
中国建筑学会室内分会（CIID） 理事
南京市室内设计学会（NIID） 副会长
江苏省室内设计学会 常务理事
《中国室内设计年鉴》主编

主要文化类项目：

1. 南京甘熙宅第（九十九间半）廿一（昆曲）会所策划及室内设计（清晚期、民国建筑）
2. 南京金陵历史文化街区设计顾问
3. 策划颐和路民国使馆区保护与规划“梧桐的绿荫下”沙龙活动（民国建筑）
4. 城市书房（南京市鼓楼区图书馆新馆）
5. （凤凰）江苏国际图书中心
6. 南京（总统府）中国近现代历史博物馆
7. 南京城南历史文化街区设计顾问

# 093

## 入选理由

为设计改造一个历史文物保护建筑，他不仅查阅了大量的历史档案资料，居然还为此撰写了一万多字的设计论文，仅梳理历史线索、寻找概念依据和有关历史文献就查阅了120多本书。所谓“磨刀不误砍柴工”，好的设计理念，引发了好的设计，同时他又是一位擅长文字表述的人，堪称设计界能文能武、文武双全的设计师楷模。

## Reasons for Entry

To renovate a historic protected building, he not only consulted a great many historical archives but also wrote a thesis of over 10,000 words for it. He referred to over 20 books to straighten the history clues, search for concept basis and quotations from historical documents. It is said that a beard well lathered is half shaved. A good design concept will generate a good design. Plus the expertness at literal expression, he is undoubtedly an all-around model in the design profession...

笔者为策划此书曾跑了十几个城市，按各地推荐的名单，采访过不少一线的著名设计师，也算得上见多识广、颇有阅历的资深设计评论人。面对一个历史文化老建筑设计改造项目，相信设计师都会为此查阅一些历史资料，其实，这种全心全意、爱岗敬业的执着案例，在业内比比皆是，算不上什么新闻。但执意要为此撰写一篇设计论文，而且是一篇耗时数月、超过万字、具有分量和深度的学术论文，那就另当别论了。尤其在当下设计师对设计理论和论文不屑一顾，普遍都比较轻视理论设计时，笔者对此就更加刮目相看了。我曾在很多文章中说过，设计师如果只重实践而轻视理论充其量也就是一个瘸子，是永远走不远的。而小盘谷的设计师却敢于为这段历史传奇背景而一头扎进去潜游到深水层，他看到的东西是一般人可望而不可及的。

他就是南京筑内空间设计顾问有限公司总设计师陈卫新。

**读书的快乐**

设计师读不读书？爱不爱书？其实属于个人修身养性范畴，陈卫新给笔者的印象，就是一个很斯文儒雅的现代文人。

在朋友的推荐下，我们在南京如期见面，他一口普通话略带南京口音。因这一天要采访三个人，时间不允许笔者有太多的寒暄和客套，直接开门见山，他也挺配合，掏出电脑介绍他最新的设计项目。他告诉笔者，近两年，他主攻历史街区规划、历史文化老建筑改造设计，他对历史文化项目特别感兴趣。因为这里面涵盖了很多历史故事、人文传奇和文化内涵，包括那个时代的政治、经济、宗教文化。这里面不仅蕴藏了饱经沧桑的历史风云变故的气场，还有许多历史文献价值值得你去挖掘和发现，就像一坛封存百年的老酒，越品，越有味道。

谈到历史文化项目，陈卫新将他最近做的项目——小盘谷，一个颇有传奇色彩的历史故事说得津津有味，仅为此撰写一篇上万字的设计论文，他就查阅了120多本文献和历史资料，他为此付出了很多努力。图片也许是他自己拍的，有点像工作资料照片，从电脑上看小盘谷，尽管老建筑很有历史风味，但由于拍得不专业，还是影响了笔者对项目的完整判断。

# 097

陈卫新
CWX
名家谈设计
ON INTERIOR DESIGN
098

不久，笔者出差，在机场书店无意中发现《外滩画报》封面刊登了小盘谷，心想这家伙如此不讲信用，以为他知道入选作品在本书未出版之前是不可以单方面曝光的。其实，他也蒙在鼓里，并不知道自己的小盘谷怎么被刊登在《外滩画报》封面上。后来笔者才晓得小盘谷原本就是晚清一品大员周馥的宅邸，前几年又申遗成功，被媒体刊登其实也是很正常的。后来笔者又从网络上查阅，仅与小盘谷有关的报道和视频就有几十个页面，可见小盘谷影响之大、传播之广是历年来老建筑改造设计中比较罕见的。

两星期后因要撰写小盘谷文章，便致电陈卫新询问照片是否请人拍了。他问笔者是否有兴趣到小盘谷“视察”一番，刚好摄影师也在，笔者欣然前往。小盘谷可谓大隐于市，它躲在一条小弄堂的后面，这条刚勉强够两人并排而行的巷子，两边青瓦墙高高叠起，很容易就让人想起古典小说中常说的“庭院深深”的氛围，这个连车都开不进的巷子一直要走十几分钟才能抵达小盘谷门口。陈卫新一路像导游那样，给笔者讲解有关小盘谷的故事。每到一个他认为比较有趣或有故事的地方，他就滔滔不绝，引经据典，甚至将一些对联的来龙去脉都叙述得非常精彩，心想这家伙肚里的墨水不仅灌得多，而且都很精准；不像有些人读书虽然多，但未必都能记住那么多精彩的细节。他告诉笔者，为研究小盘谷，他跑了很多图书馆，查阅了很多文献资料，小盘谷的历史传奇故事他都熟悉得倒背如流。

“那么，花那么多时间研读小盘谷，做笔记，做分析，你的读书时间与设计档期不是有冲突吗？”他摇摇头，对于读书

小盤谷

小盤谷

查阅文献资料的快乐溢于言表，眼镜后面仿佛闪烁一些睿智的光芒，他说："任何事情，你若不想做，你可能会找一千条理由，但你喜欢做的却毫不犹豫，读书的快乐就在其中。因为我将很多书中记载的东西、发生的故事都过滤了一遍，对于小盘谷设计构思是极为有利的帮助。你满老师能百忙之中到此一游并非看中我的设计，而分明是冲着小盘谷的历史人文传奇故事来的！"说完他请我到小盘谷的狮山林去一睹它的风采。

**设计师背后的力量**

所谓好设计传播好信息，滥设计传播滥信息，你做什么设计都躲不开媒体的追踪，尤其对小盘谷这样有历史传奇故事的设计，敏锐的媒体始终是不会轻易放过的。当然小盘谷本身就是一个著名的历史载体（江苏省历史文化保护单位），不论谁设计它都会引起媒体关注。所不同的是陈卫新为还原小盘谷的历史面目，将历史遗迹与休闲、旅游、度假，与政务和商务的需求结合起来，这里面显然不仅仅是简单还原历史，还有一种适合当代人的审美情趣和生活方式的定位。也就是说小盘谷不再是单纯被瞻仰和被参观的历史名人旧居，那种只见其物，不见其人

的古老空间，显得没有丝毫生机，萧条而空洞。随着时代的发展，很多城市都将一些历史老建筑作为历史文化产业来打造，并加以扶持和发展，毕竟老建筑由于凝结了浓厚的历史文化传奇色彩，保留这张城市档案的历史文化名片，是衡量一个城市的文化韵味和传承历史文明有多少厚度和深度的尺度。

说话间，我们登上了小盘谷的湖石假山，临日兀立，高险磅礴，过去一直以“九狮图山”相称。据说，“积雪时，九狮之状毕现。”实际上所谓的狮形并不明显。“所谓狮形，当从意境和气势上去体味，才能得其神似。”陈卫新一边吩咐小盘谷的工作人员给我们沏茶，一边带笔者参观，俨然是这里的主人。他对小盘谷的研究发掘可称得上是一位专家级的设计师，他说自己这几年还能立足历史文化街区，还有一点江湖影响，恐怕还要追溯到他的家庭，他的母亲是语文老师，父亲则是图书馆馆长，从小他几乎是在图书馆中泡大的，一肚子的墨水是从看书开始积累的，读书的习惯，从小一直延续至今。

“九狮图山”玲珑伟岸，峰峦重叠，狭路飘逸。尤其是云朵墙的曲线美，黛瓦白墙，在阳光的投射下，显得更加唯美。山下悬崖幽邃，流水潺潺；山顶平地如磐，筑有风亭。我们坐在小盘山最高峰，全园景色尽收眼底，这恐怕是笔者采访生涯中身处最有诗情画意的地方，仿佛已进入小盘谷的历史传奇故事中。陈卫新说南京有很多媒体采访过他，“但你是最专业的，什么问题都瞒不过你。”他指的是笔者在现场观摩小盘谷所发现的一些问题，这恐怕是笔者的习惯，每看一个地方都会发现一些遗憾。

其实，任何设计都不可能做得十全十美，小盘谷有不少看点，也有不少经典场面。比如对天井的处理，陈卫新取棕色的安详与安稳，界面用小格子图案花窗做装饰，地面盛满水；水面上有几块石头，还有两只鸭子在戏水，好一派山清水秀，那种鸡鸣鸭欢的世外桃源，那种水中有房，屋外有水的景观令人陶醉，即便你有千般忧愁、万般不快，都会被眼前的静谧所融化。这似乎就是小盘谷的魅力，它会聚集一种强大的宁静打动你，感染你。

笔者特别喜欢这样有诗意的画面，源于生活，高于生活。其实很多人未必清楚，支撑此画面，播撒如此诗意和意境是需修身养性，日益积累的。也就是说一个高明的创意背后，与之连接的那根管道输出什么东西，和你的知识结构和营养供应库有关。你的知识越丰富，营养结构越合理，爆发出来的东西也就越高明。

**设计的层次与高度**

我们在小盘谷观摩了大半天，也听陈卫新讲了大半天，总体感觉小盘谷的可读性和历史文化气场还是蛮强的，园林设计与室内设计意境可圈可点。空间的古典色彩以灰色、褐色做主色调，深沉而不闷，灰而不溢，褐而不冷，颇有几分古代文人的儒雅与淡定。

比如在天井的另一端，水面的尽头和对面的褐色花格窗形成无缝直角，不同的是，这里的立面形态由于两边都预留了对等的空隙而变得更加挺拔庄重，颇有不管天下风云突变，我自岿然不动的大将风采，这也许是小盘谷改造设计最有意境的地方。既有古典写意章法，又有现代建筑写实意图，写意与写实两全其美。另外在空间的留白处理上，“少就是多”的场面比比皆是，尤其是走廊与其他建筑天井的墙面那斑驳的深灰色青砖。地面“人”字形铺的青砖尽管是新料旧做，仍然有穿越历史气场的感觉。然而分割的石板表面肌理处理却没跟上气场味道，显得太新，新旧对比太明显，反削弱了老建筑的老味道。

另外，对于小盘谷的商务住宿设计，设计师在入住的舒适度和现代生活方式介入上也有不俗的表现。空间的软装与陈设都控制得不错，点到为止。美中不足的是套房现代与古典设计的对接方式和对接内容过于简单平淡，缺少一种与小盘谷历史文化相匹配的系统中西混搭描述，似乎有些仓促，似乎有些重“外”轻“内”之嫌。

当然还有一处大堂横向的大立面，用古

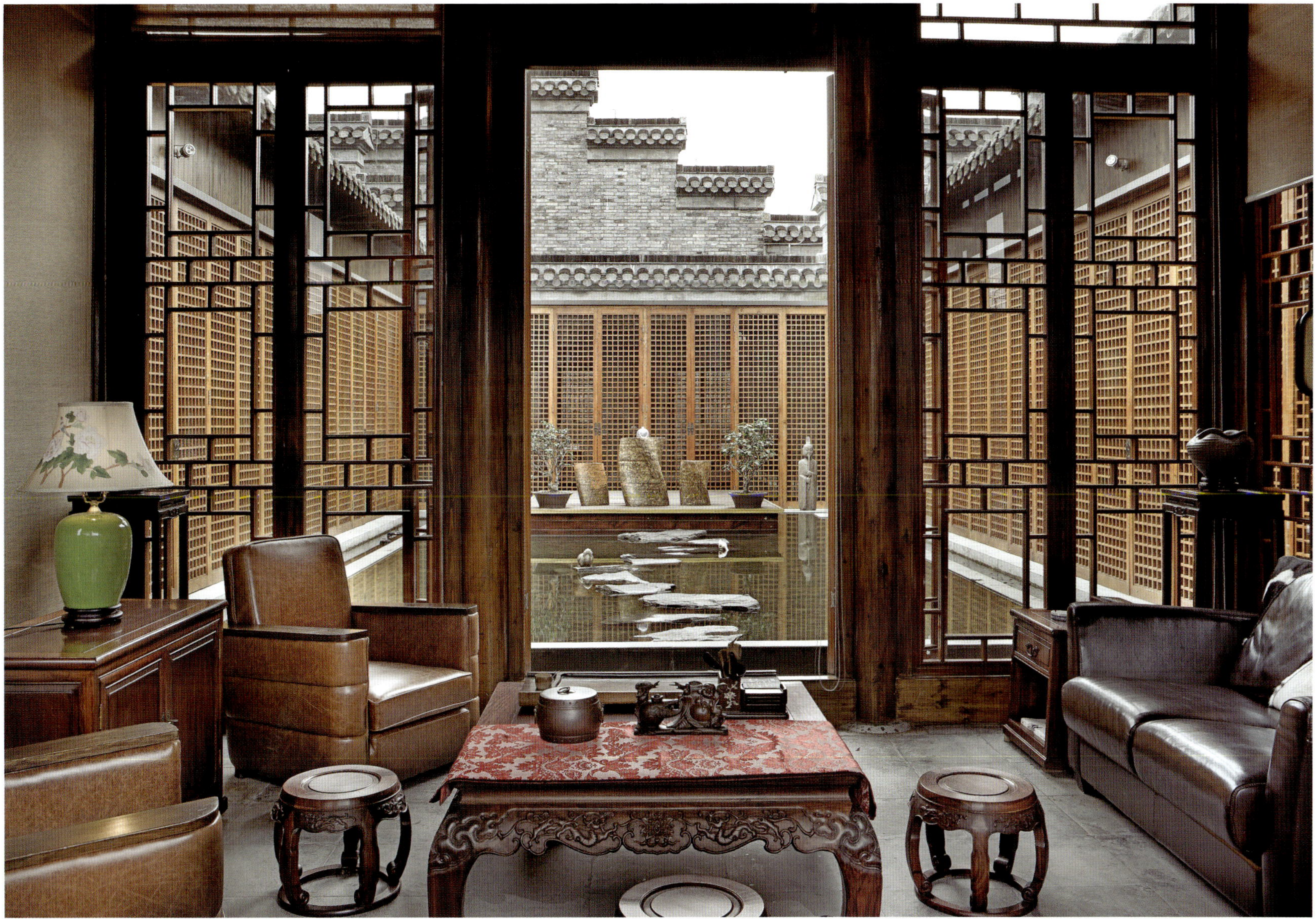

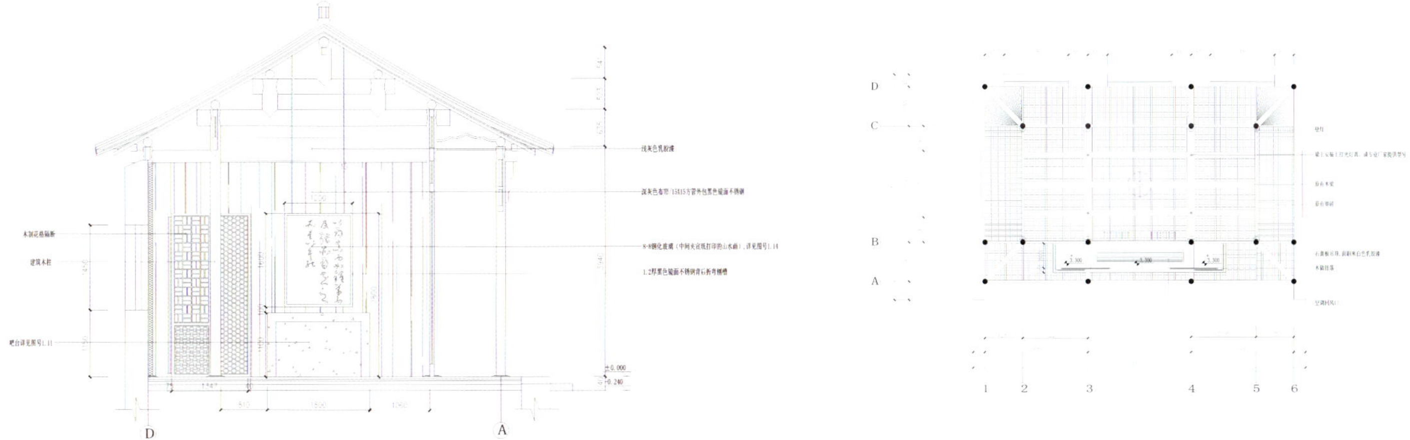
D
A
D
C
B
A
1 2 3 4 5 6

运河黑白照片粘贴的手法，与大堂的写实相比似乎有些太讨巧之嫌，一张单薄放大的黑白老照片，岂能承载几百年开凿运河历史传奇的沉淀，尤其是照片中间做的一艘挂在墙上的船，虽有拉开历史的距离感而形成现代装置艺术，但那大红、大蓝的夸张颜色极度张扬和喧闹反而破坏了大堂的安静，并显得不伦不类。幸运的是船的纵向终端的花格窗在水面的映射下那种安静的气场，似乎镇住了这个张扬的孤立装置艺术的跃动感，也平衡了这种大红、大蓝颜色的喧闹。

其实一个场面设计不仅要讲究文化层次，还要讲究文化内涵，更重要的是空间的闪亮点和可思辨性。在你设计的空间阅历上，有多少东西能敏锐地抓住人们的思维闪动，又有多少东西能引起内心的共鸣，这就是设计的深度和高度。

# 115

# 玩转设计的人（北京）

## ——从仲松的世界观看他创意构思倾向

THE PERSON PLAYING WITH DESIGN

-To Explore the Trends of Zhong Song's Innovative Ideas Through His World Outlook

仲松

### 个人简介

1974年 出生
1999年 毕业于中央美术学院雕塑系
1994年 毕业于中央美术学院附中

主要作品

2010年 江西彭友善美术馆建筑、室内、景观设计
武夷山钰荣大酒店建筑、室内、景观设计
2009年 上海龙美术馆总体设计
杭州阿曼酒店总体设计
2008年 国酒茅台会所室内及景观设计
上海五角场800号美术馆总体设计
2007年 北京SONG CLUB室内设计
北京宋庄SOKA私立美术馆设计
2004—2006年上海五角场交通枢纽标志性构筑物设计及下沉广场景观设计
上海五角场800号仓库改造
上海国际艺术中心室内及景观设计
2003年 上海海港新城景观大道设计方案
2002年 大连开发区海湾广场设计
2000年 上海浦东大型景观雕塑“东方之光”——日晷
上海国家会计学院标志“公正柱”

获奖

2006年 上海五角场总体城市景观获“白玉兰”奖
上海市政金奖
2004年 “东方之光”获第三届全国城市雕塑建设成就展览优秀作品奖 北京
2001年 《艺术与科学》国际艺术大展获评委特别奖
中国美术馆
2000年 “东方之光”获上海浦东开放开发十年精品项目雕塑金奖

# 117

## 入选理由

如果说设计手法可以心到、手到，那么，创意构思就可以随心所欲。前者让他兼容并蓄，玩转空间；后者则让他高瞻远瞩，拨云见日。他是国内不可多得的创意人才，也是为数不多从设计里走出来的人，堪称业界既有章法，也有反章法，既有“正道”，也有“邪道”的鬼才设计师。

## Reasons for Entry

If the design method can be carried out in the way it is thought to be, then innovative concept can be conceived at one's will. The former enables him to take integration into design and play with spaces, while the latter prompts him to look forward and seek bright prospects. He is a rare creative talent from the design world, a genius designer who has principles but not bounded by them.

一名15岁的少年凭借着坚定的信念孤身来到北京，这其中的过程并不是一帆风顺。当时他的父亲并不赞成他走艺术这条道路，但是他的决心让他毅然决然地来到了这个梦寐以求的地方。带着母亲偷偷塞给他的200元钱，他满怀激情地来到了这个充满机遇与挑战的大城市——北京。理想与现实总是会有差距，当时他并没有顺利地考入中央美院附中，经过中考班一年的复习，他才如愿地进入这所向往已久的学校。支撑他这样做的不仅仅是梦想，更是去追逐他人生价值所在的一次充满“冒险”的旅程。多年来在旁人的眼中他依然还是那个不断追求梦想与超越自我的少年，从简单到简约、从坚持到坚定、从好学到勤奋，他就是——仲松。在校期间，显现出的很多方面便跟一般同龄孩子迥异，身边没有了父母的贴身照顾和亲戚朋友的关照，他更早地懂得了如何在一个陌生的城市照顾好自己。可能在老师的眼里，他不算是听话的学生，但他却是最勤奋和最执着的一个人。他的天性培养了他独立思考的能力，当时这也成为他生活中的一把双刃剑。一方面，过早的成熟让他拥有自己的思想与独特的思维模式，因为这样的秉性，偶尔与老师产生一些小小的摩擦。另一方面，正是因为他独立的性格，让他更早地接触社会实践活动，这也为他以后的设计工作奠定了坚实的基础。

有句话说得好，机会永远只留给准备好的人。1999年6月，属于仲松的机会悄悄来到了他身边，他参加了上海浦东世纪大道公共艺术作品征集的全国竞赛。他设计的《日晷》方案胜出，并负责组织实施。这是一件以时间为主题的作品。以中国传统的赤道式日晷为创作原型，用一种具有典型的当代特征的建筑语言以及美学形式，并严格运用传统日晷的工作原理，使其具有精确的计时功能。在设计这件作品的过程中他结识了陈逸飞先生并得到他很大的帮助，2003年与陈逸飞先生共同创立设计工作室。从此打开了他走向设计道路的一扇门。

29岁的他正式进入设计界，主持设计了上海五角场交通枢纽标志性构筑物及下沉广场景观。五角场景观装饰工程分为主体景观和下沉式步行广场上下两大部分，上部主体景观为外形为106米×48米×15米的金属结构

椭圆球体，其形象脱胎于中国传统的绘红彩蛋，借助其孕育、孵化、诞生的概念，象征着杨浦知识创新区的未来充满生机和活力；下部广场为长轴100米短轴80米的椭圆形步行交通广场，由九个地面出入口、五条地下通道、中央广场、绿化、大型音乐水幕环廊构成，上下呼应成为一个完整的地标性建筑。这个国内罕见的“超级景观”，不仅提升了五角场作为城市副中心的文化价值，同时也提升了其商业价值。五角场景观装饰工程从设计到施工完毕历时38个月。

此后，仲松以极具个性的设计语言引起了业内的关注，扬名设计界。但他却非常谦虚，给自己定下的目标是“四十岁之后成为一名建筑师，五十岁时成为好的建筑师”。

正因为《日晷》和上海五角场交通枢纽标志性构筑物及下沉广场景观设计的成功，陆续地给他带来了一系列建筑设计与规划的项目。比如上海国家会计学院标志设计——《公正柱》，上海国际艺术中心室内与景观设计，上海五角场800号仓库设计改造，江西彭友善美术馆及上海龙美术馆总体设计等，其中当数上海五角场交通枢纽标志性构筑物设计及下沉式广场整体景观设计最具影响力；《东方之光》获得2000年上海浦东开放开发十年精品项目雕塑金奖，后来又获得2004年第三届全国城市雕塑建设成就展览优秀作品奖；上海五角场总体城市景观获得2006年“白玉兰”奖。

# 122

直到去年应仲松邀请，笔者考察了他在北京世贸天街地下室做的“仿梯田设计——颂”，让笔者在现场过了一把面对面实打实观摩作品的瘾。具体考察评论已收录于笔者去年出版的《亚太名家设计解读》一书。此作品不仅被国内主流杂志做重点报道，同时还被欧美主流杂志《FRAME》、《BEIJING ARCHITECTURE & DESIGN》、《REM》和《华人设计壹佰》等多家专业媒体报道。

此作的成功，笔者以为有两个是设计以外的因素，让仲松找到了“克敌制胜”的法宝。他既是该项目的设计师，又是该项目的股东之一，不仅参与了空间构思的整体规划设计，同时还参与了整个项目投资的前期调研策划与市场定位。也就是说，他站在整个项目的高度，梳理了整个商业投资与回报的关系，筛选了正确的市场定位和目标客户群，仅仅一个仿梯田的可能性，就解决了目标客户分阶梯形态进入他的设置的酒吧空间。他将可能光顾此酒吧的人群，做了消费等级和文化等级的逻辑梳理。他们有什么理由一定要进入你的酒吧？或者说你能给这些消费者带来什么？他并没将设计当成项目总体规划的第一思维去考量，而是将设计退到总体规划之后，列入总规划的一部分。如果将该项目的前期评估元素比喻成飞机的领航员的话，那么，驾驶飞机的飞行员则是一种操作而已。仲松将设计由前台退到后台“空间操作”的层面，让他赢得了很多业主的认可。所谓在商言商，作为设计师，首先考虑是项目的投资回报率，不能有任何纰漏，而且投资方向不能“偏航”；设计是整个规划的一部分，如连整个规划和定位都不清楚，再投入设计创意推动它模糊的目标又有什么意义……

所谓看山，不是山；看水，不是水那种意境表达，山水既然是古人首推国画去表现，何必将山水画得太写实。国画的构思是第一位的，其次才是技法与手法的表现。这

# 127

就是仲松与众不同的地方，他从不把设计看得很深奥，它不过是种技法和手法而已。假如说设计是“行为”，那么，前期构思就是“谋划”，它们完全是不同性质的。如果说用“行为”控制“谋划”，就好比用飞行员带领航员，显然是有问题的。

我们看仲松的设计，一不留神似乎都被他表面的手法蒙蔽了。就像魔术表演，为何我们既可以看到不同的表演，又可以看到相类似的表演？因为魔术的表现手法是可以复制的，而魔术的创意和意境是永远复制不了的。作为设计师，我们何尝不是如此？

从入选的“蓝玛赫西餐厅”空间中，同样我们可以看到像这样的大型餐饮投资项目，仲松作为设计师，他是如何运作的。与北京世贸天街的“颂”酒吧一样，他参与了该项目的前期商业目标的讨论和评估。对蓝玛赫西餐厅品牌的市场定位和认证，不仅做了目标客户群的分析，同时也做了西餐厅与其他类似项目的差异性比较。也就是说，蓝玛赫的品牌标志识别性导向语言是什么，它的语言结构与品牌的标识性能给目标客户群带来什么，消费者选择蓝玛赫的理由在哪里。每做一个方案，仲松都会与自己“过不

129

去”，会给自己设置一些设计以外的问题，然后再去解题。

仲松在设计操作上，取“木” 的温馨，用“石”的过渡，并反复用木质的构成和排列，形成一种单纯而有秩序的木隔断，以此作为整个空间流线识别方向的导入坐标，根据有效经营座位实施面积——以呈非垂直曲线做出不同的功能分割，它在空间的天地之间，或曲卷，或椭圆，或包容，或围合，或呈“S”形，不同造型排列的木隔断，仿佛有一种行云流水之感，能够拨动心灵的韵律感；宛如“竹林”，簇拥着一个个包厢和界面切割；一根根横向的、垂直的和非垂直放射性的木质线条，仿佛为我们组成了“竹林”大合唱，那种气宇轩昂的气场，仿佛穿越了“竹林沧海”，蔚为壮观。

为增加西餐厅的趣味性和交流性，厨房设置均为开放式格局。超大空间的纵向曲线界面透视与横向空间“S”形沙发构成，形成了较为壮观的全方位大透视和大通透，流动着一种相互穿插、相互通透又相互联系的强势气场，那种弥漫空间的舒畅感和舒适感，开门见山，一下子就抓住了消费者为何而来的那根敏感的神经。新鲜、活泼、单纯的木质当道，反而增加空间的可读性和可识别

性。尤其是那充满朝气的空间语言，不由让人产生心灵上的共鸣。用木质线条构筑的可从不同方向方便进入的功能界面切割，那种像龙尾摆动的姿势，聚焦了一种轻松而俏皮的氛围。手法收放自如，开合有度，疏密有趣，有一种诱惑你逗留的理由，营造了一种安抚情绪、舒缓精神的气场，并在心理空间构筑上，增加了空间气场的流动节奏感，更重要的是强化了空间语言的识别性。也就是说，蓝玛赫的名牌语言可识别性由此诞生。

另外，入口的开门见山、直接暴露热闹的人流和座位，堪称品牌语言的直接导入式。用热闹的人气氛围去吸引消费者是本案的看点之一。不锈钢镜面柱子的处理，不仅消除了空间的阻碍感，同时还增加了空间的透明和轻盈，也是一个不俗的看点。

当你仔细琢磨便会发现，这个蓝玛赫的设计比起它的整体餐饮商业定位，以及目标客户群的锁定，其实是向后退的。它给消费者营造的不仅仅是一种热闹、人气和氛围，还是一种品牌差异性的导入方向和可识别语言的塑造。尽管看上去空间形态似乎很张扬，其实里面到处弥漫着一股张开臂膀拥抱客户的强烈气息，尤其是VIP包厢和“S”形的椅子以及沙发的舒适性和实用性，似乎在诉说着蓝玛赫是如何呵护客户的故事。

# 135

137

# 到达南极的人

## ——从秦岳明的设计看他的冒险精神

（深圳）

THE ADVENTURER OF INTERIOR DESIGN

—Comments on the Spirit of Adventure from Qin Yueming's Design Works

### 个人简介

秦岳明，深圳市朗联设计顾问有限公司设计总监。1990年建筑学专业毕业，1994年起开始涉足室内设计，1999年组建朗联团队，现为中国建筑学会室内设计分会理事，第三专业委员会委员，国际室内建筑师/设计师联盟（IFI）及亚洲室内设计学会联合会中国地区委员会深圳代表处专业委员。

凭借推崇空间处理、尊重文化与传统以及强调自然人文的设计理念，其设计作品在国际和国内的各项专业竞赛中荣获众多奖项，其中包括美国Hospitality Design Awards酒店空间设计大赛金奖和APIDA亚太室内设计大奖赛金奖。其本人亦被中国建筑学会室内设计分会授予“杰出设计师”称号，被中国住交会CIHAF组委会评为“CIHAF中国十佳设计师”。2005年4月在深圳关山月美术馆成功举办“深圳设计师十人 十年设计联展”，并参加2005中国（深圳）国际品牌设计商年展BDCI“深圳室内十人邀请展”，同年9月获邀赴美举办作品展。2008年成为欧洲三大最具影响的设计盛会之一的荷兰设计周Dutch-Design-Week（DDW）组委会首次邀请参展的中国设计师。在其带领下，朗联设计团队被评为深圳“最佳室内设计公司”。

# 139

## 入选理由

理性的单纯、热情的沉淀使他的作品清淡中不失古朴典雅；简洁中不失大气磅礴；他崇尚现代与古典、中式与自然的融合，充满着“天人合一”的设计境界；如果说理性的单纯让他拥有敏捷的判断，热情的沉淀让他保持一份清醒的认识，那么还原生活与空间的本质则是他永远的追求……

## Reasons for Entry

The rational simplicity and passionate accumulation make his works modest and concise, yet still retain some kind of elegance and vigor. He accords great importance to the combination of modernism and classicism as well as Chinese style and natural style, giving full display to the integration of human being with nature. The rational simplicity brings him with keenness of judgment and the passionate accumulation helps him maintain a clear understanding, while his perpetual pursuit comes to be the essence of life and space...

秦岳明是笔者比较关注的一个设计师，尽管与他不是很熟，但对他的作品一点也不陌生。当很多设计师都心甘情愿被外来文化熏陶捕获时，他却十几年如一日坚守中国文化；他的作品总是以中国文化元素贯穿始终，总是将中国文化的博大精深渗透到作品中去。他认为中国文化是取之不尽，用之不完的设计源泉。令人难忘的是，他还推崇古人“行万里路，读万卷书”的生活哲理，不仅体验了西藏高原旅行的自然风光、民俗民风，居然还跟随国外的一个探险旅游考察团队到达了南极大陆，这在国内百万设计师中恐怕也是绝无仅有的……

笔者在思考一个问题，作为一个普通的设计师，他那么爱好旅游探险，爱好徒步穿越，爱好探索大自然；那么他仅仅是一种爱好吗？这种爱好对于他们的设计有什么影响？对于他的世界观有什么影响？

**天人合一的境界**

笔者曾翻阅过不少室内杂志，发现秦岳明的设计大部分都以中式语言来叙述他的空间。这次到深圳采访，他给了我一个25 000平方米的度假酒店项目，并按我的要求将所有的酒店设计所涵盖的一切记录，包括前期总体概念导入，度假酒店的主题方向，具体的表述元素摄取与设计过程等一股脑儿地全部给了我。仿佛是第一次请客吃饭，担心招待不周，把他所有招待客人的看家本领连同他的本真性情通通拿了出来……

面对他的纯真、坦诚和热情，他投入这个酒店设计的情感和构思，让我觉得他是一个外冷内热、情感丰富、不露声色、低调行事的人。他应邀主持设计了酒店的前期总体规划，从建筑规划上说这里有景观设计和建筑设计，并以中国传统民间院落为概念进行了全新的演绎；从功能上划分，以客房部、餐饮会议中心及温泉洗浴三大块进行定位；从表现形式上看，以类似中国传统水墨画的黑白灰为自然选择，摒弃传统中式繁杂的语言，以白色为底，取当地的青灰色的片石勾勒出酒店的基本建筑轮廓；从建筑形态设计上说，既有当地民居造型的考量，又不拘泥于当地民居，借用了欧洲极简主义建筑理念，弱化建筑造型复杂走向，以现代简约风格和当地民居作为参考，构筑了超越中国广西民族风格的院落形式；同时结合当地的天然景观，以达到人在云中走，船在水中行，“温和”在木作中体现，寂静在石头上衬托的古老风尚。秦岳明将“云”、“水”、“木”、“石”等自然元素提炼出来，成为

泉
Hot Spring
叁~陆

# 142

酒店设计的主题元素。而这四个字也是最好的天然设计属性，用天然属性来构筑度假酒店是近两年极为流行的风尚，为“天人合一”的设计境界提供了直接的天然元素。这等于在度假酒店的表述上找到了一个弥漫天然景观气息的能量场，能吸引更多的观光客来此一游。

在国内设计界，能够自由穿梭在建筑和室内空间领域的人还不多，但能够纵横在建筑规划设计、景观设计、室内设计和家具设计空间更是凤毛麟角，少之又少。秦岳明算是一个出奇的人。出乎笔者的预料，他的建筑与景观创意设计似乎好于他的室内……

秦岳明为体现中国山水的“天人合一”境界，将当地的青山绿水、高低错落的自然植被作为中国画一个大写意的背景，而将白墙黛瓦的建筑院落当成一个主题叙述。“天人合一”就是人与自然的高度融合。苏州古典园林注重建筑与环境的共生，比如将光、空气、雨声、植物、山水等自然元素与园林建筑共同构筑一种人与环境、人与建筑的和谐关系。在这个酒店的室外环境中，我们也看到了步移景异、曲径通幽等手法；顺其自然的造景、借景、对景，似隔非隔的游廊，颇有创意的天井都是本案的最大看点；白墙映衬着竹影，黛瓦连接着蓝天；竹影倒映

在水面上，形成了水中有竹，竹中有天，天中有屋的自然奇观，堪称中国度假酒店最经典的画面。

**民俗文化的摄取**

通常一个好的度假酒店如果选择了一个依山傍水的风景区，酒店投入就有了50%的胜算；其他50%都取决于酒店的室内概念是否有相应的设计突破。而秦岳明设计的这个度假酒店似乎具备了这样两全其美的条件。

随着国内旅游度假市场的兴起和发展，人们越来越喜欢到一些景区新建成的度假酒店去休闲度假。因为这种度假酒店不仅依山傍水，充满了天然的景观，同时还有室内的民俗民风生活空间的创意，这也足以让酒店投资方有一个理想的商业投资回报。

秦岳明似乎早就意识到了这个商机，他近两年都在专心研发中国的度假酒店真正的含义，同时也在研究中国的地域、民族文化与民俗民风在度假酒店设计中的市场开发意义。他知道不同的地域和民族都有不同的历史文化传承，而广西中部这个地方关于温泉的记载已有数百年的历史，在当地史书记载中有“中南第一热泉”的美誉。据当地的老人说，经常到这里泡温泉的人，也许是受矿物质浸透，会变得温和起来；在城市高节奏高负荷工作和生活的重压下，很多人的性格变得越来越急躁，秦岳明试图让更多的城市观光客来此体验当地温泉产生的“温和感”；因此，“温和”、清雅、古朴、简约和大气就成了酒店设计的主题表述方向。

我们在秦岳明设计的酒店的很多地方都体会到了来自温泉的“温和”之感。比如客房的简洁古典风格、大堂的明快和温馨手法、天井的景观设计都给人一种很自然的质朴印象；比如在大堂的一些纯白立

面处理上就考虑到室内与室外的对话，让天然景观渗透室内这是秦岳明设计的基本理念。大堂一些建筑界面预留的大量的落地窗和坡面的横向摇头窗，目的就是让建筑、景观和室内自然融合在一起，使“天人合一”的理念再一次得到体现。界面的白墙与地面暖浅灰大理石形成了白与灰的主色调旋律，深棕色的古典家具尤其是座椅的形态造型是中式的，座垫上都用很厚实的海绵包裹，用上等的定制牛皮来体现座椅的舒适度；显然，他知道中式家具的魅力和缺陷在哪里。

另外，大堂空间不仅有很多柱子，纵深感也很强。面对这样的空间，秦岳明的考虑是如何加强柱子的纵深空间透视感和设计形式感，刻画柱子垂直的体量感，强化中轴线

上空灯具造型排列的陈设感，试图用柱子的厚重体量及夸张造型、别具一格的木皮灯具系列和终端墙上的挂盘来营造一种不同地域文化的氛围。

最具创意的是服务台后面的背景墙，将青色线条垂直排列，用“阴刻”方式排列的云朵颇有石雕的艺术感染力，在很多人都热衷于模仿欧洲现代超大界面木线排列凸显“阳刻”雕塑设计的当下，更显得“阴刻”低调的弥足珍贵，堪称“阴阳”对比，显示出秦岳明独到的空间审美眼光。笔者以为：他用2/3的大理石去包装那么多柱子，而且是以横向纹路和超大长方形包装，只露出1/3的棕色圆柱，确实增加了大堂空间的充实感，但同时也难免增加了柱子纵向上的笨重感，况且柱子造型较为复杂，再加上两边纵深吊顶用的棕色色调，虽与下面的服务台和座椅的棕色有呼应，仍然有些头重脚轻的感觉。秦岳明的单纯性格，一方面造就了空间的简洁古典美，另一方面也因固执坚守传统，冒险将柱子做得如此夸张，这样的审美透视眼光，既有过人的地方，也有失误的地方。不如将露出的圆柱与两边的吊顶改为白色，似乎更显得轻盈舒畅一些。

另外在用材的节奏感上，大堂的地面和超大四方形柱子统一用了青灰色的大理石，那么大堂的终端墙面上再重复使用青灰色大理石，就显得材质表皮肌理传达的信息是雷同的，大理石光滑如玉的气场似乎太强烈了，反而让大堂空间有些张扬。不如将终端墙面改成粗犷有肌理的毛石墙，光滑和粗犷肌理的对比自然形成了艺术情趣；甚至将服务台后面有云朵的线条墙搬过去，都显得有材质表皮肌理上的节奏变化。如比喻成文学语言，在行文的遣词造句上，如用多了同一性质的词语，恐怕太过于重复而缺少一种痛快阅读的节奏感。任何一个空间构成的气场都要经得起时间和空间审美的评判，经得起人们在第一时间体验后的情绪反应，到底是

接受的，还是排斥的？

**地域文化的表述方式**

我们知道地域文化在室内空间的表现，必须要找到当地民俗的特征。我们在客房中看到设计师用当地的民族织物——“壮锦”做沙发靠背，并用做电视桌台面和局部界面装饰，用水和云朵的涟漪做床头背景，颇有民族风味。另外在客房空间构成上，设计师始终坚持以简约的中式洗练手法来概括，做到干净、整洁和明快于一体。这种运用当地少数民族生活服饰元素装饰设计，体现了一种地域文化的表现方式。

但仔细看会发现，秦岳明是一个创意有余而细节做得不够连贯的人。谁都知道创意是空间设计的灵魂，但很多人不知道创意也有自己的细节属性表述，我们看到青灰色的线条顶面上有3个不同大小的涟漪，而立面的墙上只是延续吊顶到立面的1/2，另外一半则是有文字记载的墙面，明显感觉墙面有对半分裂的不足；不如直接让青灰色的“涟漪”一直延伸到地面反而使空间更加完整。

如在顶面与墙面的90°连接处共享一个动人的“涟漪”，我想这种被折弯的“涟漪”也许更有设计的趣味性，也更有创意想象力的延伸性……

其实要说秦岳明的设计才华，在业界那

158

是有目共睹的；他的设计创意，尤其是中式的设计创意思想和创意方式，似乎都不缺。他最缺的是对创意点的细节变化的把握，他在空间整体性的逻辑关系处理上思考和过滤得还不够深入。他好像总在挖井找水，遗憾的是却总在挖到离水源不远的地方就放弃了；其实他已找到了中式空间的表述方式，就是创意的系统性和创意的细节可持续性变化还不够令人满意。另外很多人在中式空间的语言表述上，似乎都忽视东西方文化的兼容并蓄，秦岳明也不例外；但在我们的交流中，他似乎也意识到他的中式表达方式太过于单纯和单一。

这个度假酒店给我的感觉，室外似乎比室内做得好；室内公共空间似乎比客房做得有创意。不论怎么说这个度假酒店的整体把握还是不俗的，对空间的主题元素的运用也颇有独到的创意，尤其室外的自然景观资源

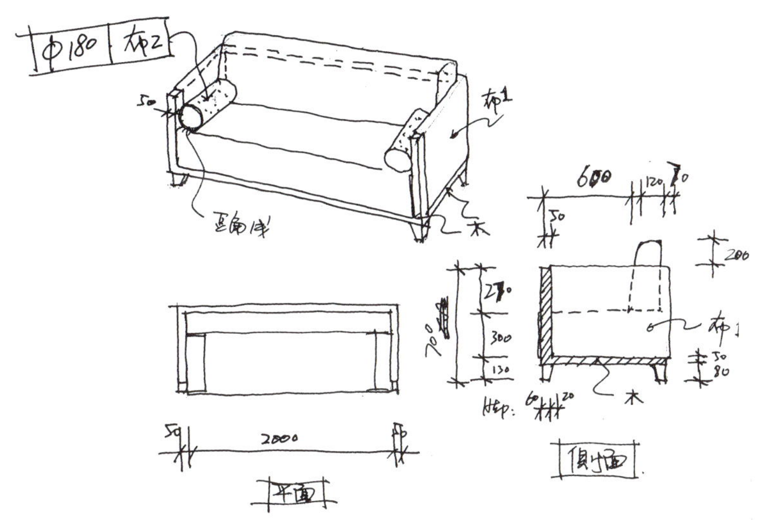

Φ180
布2
布1
圆角
木
600
2000
平面
侧面


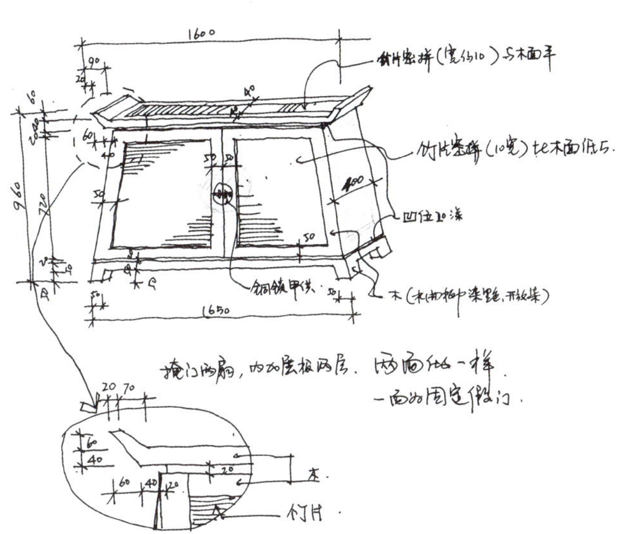

1600
竹片装饰(10宽)比木面低5.
凹位10深
1650
掩门两扇，内加层板两层，两面做一样
一面做固定假门.
竹片

6.570
3.700
6900
2600
7550
2300
2705
22980
N
L
J
E
D
C

6.570
3.700
6900
2605
7550
2300
2705
22980
N
L
J
E
D
C

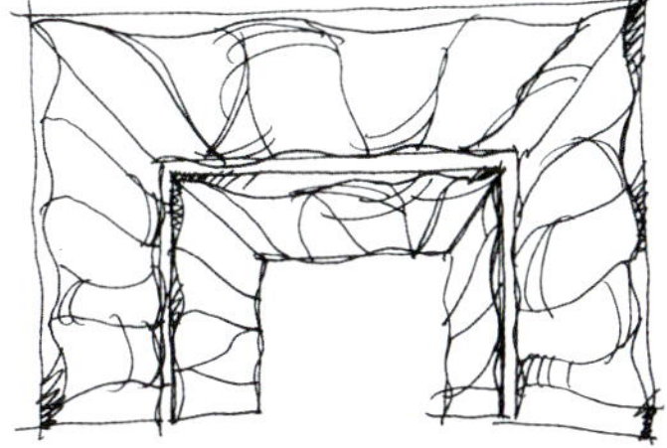

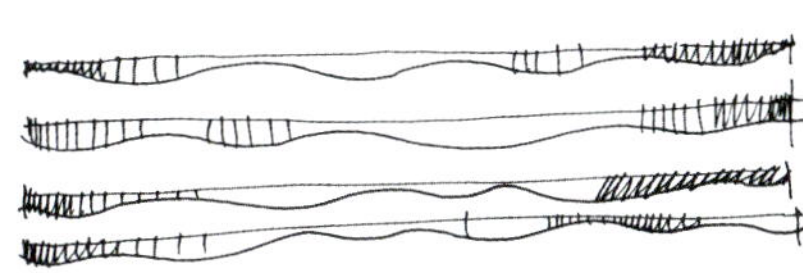

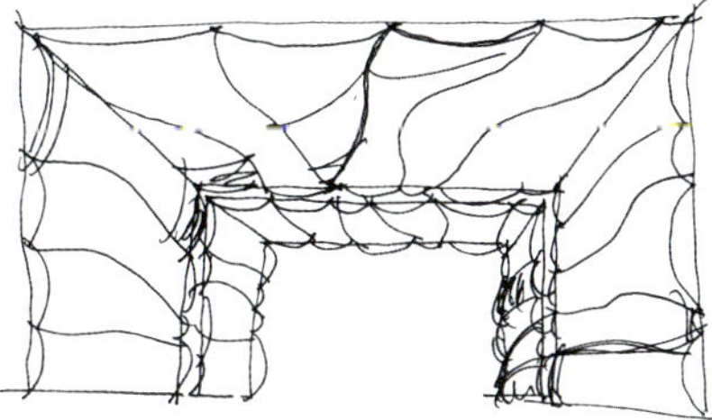

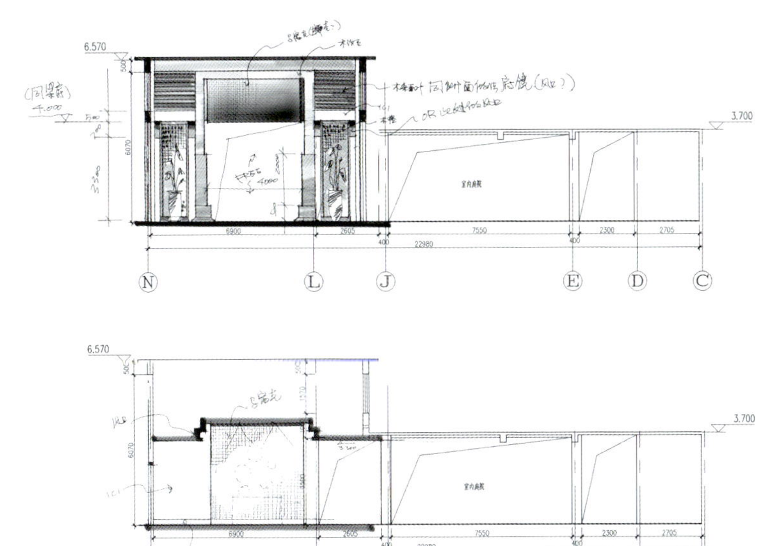

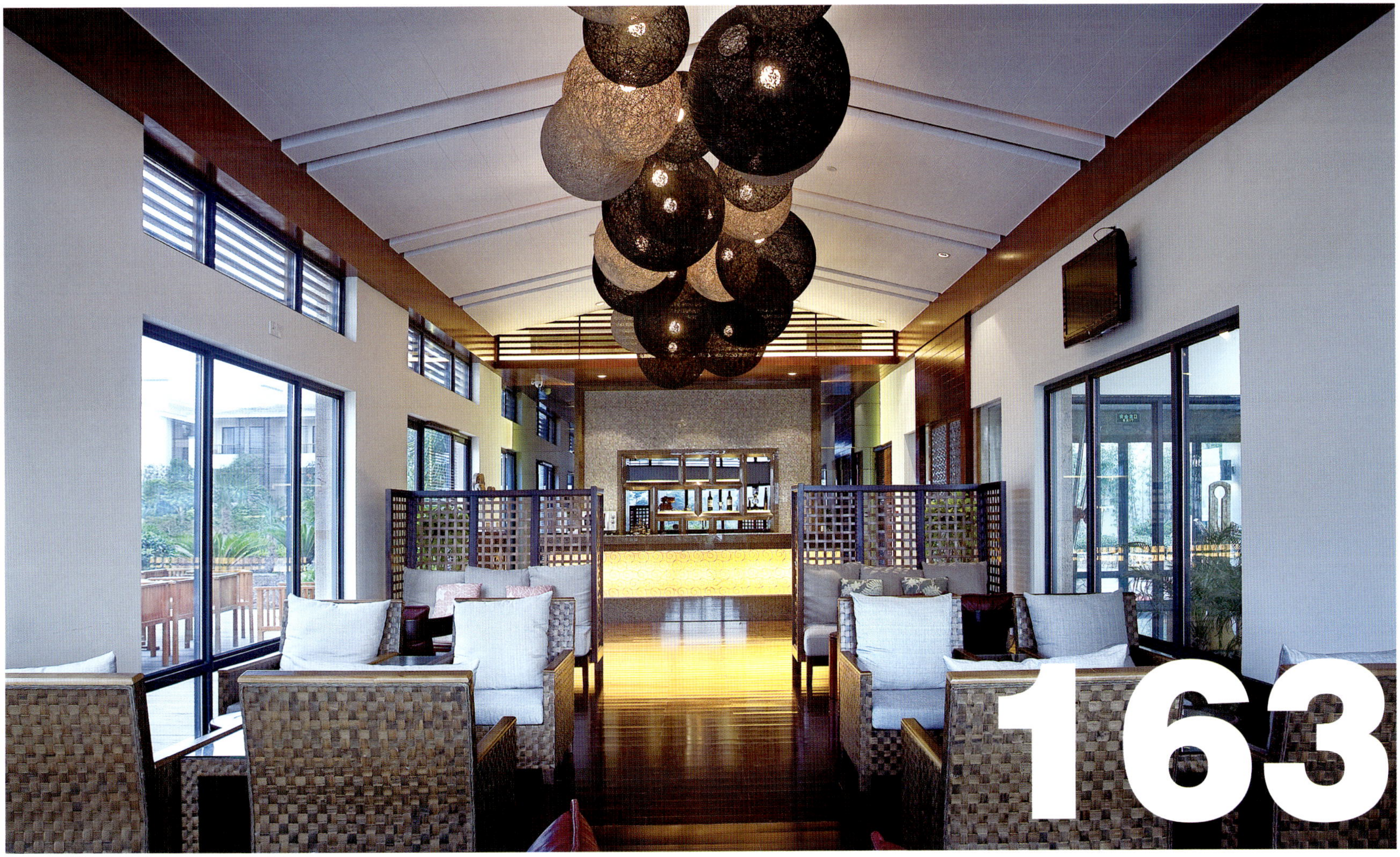

165

# 灵性的解读

## INTERPRETATION OF SPIRITUALITY

### ——感受李益中设计语言的四季变化

### —Experiencing Seasonal Changes of the Design Language of Li Yizhong

（深圳）

## 个人简介

毕业于大连理工大学建筑系

中国建筑学会室内设计分会（全国）理事

1998年 创立深圳市派尚环境艺术设计有限公司

2002年 在何香凝美术馆举办个人作品展

2002年 年度中国最佳室内设计师

2007年 出版著作《样板生活》

2007年 策划首届“深圳十人空间设计大赛”

2008年 受邀参加“APSDA亚太空间设计师联合会”并荣获APSDA亚太地区最佳设计作品大奖

2009年 出版《FROM B TO A 售楼处设计策略》，并受聘于深圳职业技术学院任客座教授

2010年 受聘为清华美院、中央美院建筑学院等艺术院校的设计实践导师

现正攻读意大利米兰理工大学设计管理硕士学位

李益中重视设计的策略性，关注人与环境的关系。作品理性与感性兼具，节制而优雅。

# 169

## 入选理由

**他的作品既有被岁月磨砺催生的美，又具有四季交替变化的美；他擅长在不同的空间，挖掘不同的美；在不同的时空，找到不同的灵感；理性的矜持和感性的张扬平衡了他的设计，堪称设计完美度结合最好的人。**

## Reasons for Entry

His works are full of aesthetic sense that comes from years' experiences as well as seasonal changes. He is good at exploiting various beauties and searching for inspiration from different spaces at different times. With the design balanced by rational introversion and sentimental extroversion, he is undoubtedly the best in the perfection of design.

对于李益中，笔者一时半会找不着什么合适的词汇去概括。说他轻言细语略带一丝文弱，在作品中擅长狂泄女人的碎花布情结，少了一些男人的阳刚吧，却又敢在作品中展露一种刚性的霸气，人与作品的反差，让我们体验了他矛盾性格体源源不断输出的品质感。他似乎是个极具矛盾而擅长制造故事，一不留神就被他表面迷惑的人，谁也吃不准他那副小眼镜背后，忽闪着什么东西。他是深圳“十人帮”里性格最具多面性和不确定性的“家伙”。

**设计策略**

面对设计项目，面对几百项样板房和销售中心的设计，既不重复自己，也不重复别人；既不吊在一棵树上“打遍天下”，又能左右逢源，自由穿梭在国内近50个知名地产品牌之间，灵活机动地运用他开发的现代、新古典、东方、休闲、异域风情、后花布、后雅皮等系列的多种风格荟萃，轮番出击，所向披靡，将地产项目一个个搞定，并将生意做得风生水起，可见李益中自有他过人的地方。

很多人都以为做设计就是满足人们的视觉美感，而李益中却认为做设计就是找到解决问题的方法，甚至比风格还要重要。从设计方法论，战略高于战术，方法高于风格。风格犹如战术，显然是不能喧宾夺主。为了能从设计策略高度找到应对大量的地产项目的可持续发展方向，摆脱往日的“头痛医头，脚痛医脚”的被动局面，李益中为印证自己的设计策略，曾在公司做了一个有趣的游戏。一组人排成一列站在B点，要求每个人依次以各种不同的方式到达A点。如果与前面的人雷同，则必须重新走一遍。这个游戏规则就是解决B点到A点的策略，并不拘泥于某一种方法，当我们开动脑筋，会发现有无数的方法和可能性可以自由选择。尤其是对地产项目的市场定位，所针对的消费人群、消费结构、消费习惯，包括项目的周边是否有同类别的项目竞争、内部结构、外部环境、投资预算、建设工期等。只有你参与并详细了解了项目的特点，你才敢确定用哪些相应的策略和方法。设计风格是应以项目而异，不同的项目属性用不同的语言去表达。

例如在杭州复地连城国际销售中心的设计策划中，为给客户营造一种情绪可持续升温的氛围，设计师从入口处到售楼处的终端线路上，策划设置了很多有趣的销售看点：

panshine

例如越走越开阔的空间，整个空间的主色调是用最温暖的木质与米黄大理石构成的，那是一个很能引情绪高涨的辉煌极致空间，不仅有养眼的审美视觉度，还有温馨的舒适度。有了舒适度就有可能抓住人的关注点，由此点燃人们的购买欲望；用沙发摆放成独特的结构方式；将木线垂直排列在大型超高界面上，以“阳刻”形式彰显出来，并将雕塑隐藏在木线构成上，包括对顶面的自然阳光天棚和放射性圆形构成的处理都触动人心、张扬情绪，令人回味不已。尽管这种手法借鉴利用了欧美现代主义，但放在国内仍有震撼地产商和客户的余地。运用欧美现代主义表现方式抢占国内市场是李益中的一个策略，就像好莱坞大片在中国还是很有可观的市场那样，你可以没有制作好莱坞大片的能力，但借鉴它的表演方法是允许的，至少李益中从中看到了商机，他是一个擅长发现和擅长捕获商机的人，他有“狡黠”的聪慧，深藏不露的“傲骨”，雄心勃勃的“野心”，锐利的国际眼光，他想打造属于自己

强大的panshine…

**语言走向**

一年有四个季节，每一个季节大自然都会赋予它无穷的魅力。春的生机勃勃，夏的热火朝天，秋的硕果累累，冬的白雪皑皑。春夏秋冬不仅给我们带来了自然界的气候更叠变化，也给我们带来了应对四季变化的能力，我们不仅要适应大自然的变化规律，还要适应空间设计领域的项目属性变化规律。每个客户都是一本书、一个故事。作为设计师，收了客户的设计费，没有理由非要固守某一种风格去阅读这本书和这个故事，那样做既不道德，也不尊重客户。

李益中有自己的想法， 也有自己的困惑。他承认自己早期的作品有模仿有拷贝，这好比是书法家早年练习临帖，临到一定时间才会扔掉临帖，成为自成一家、别具一格的书法家。设计也是这样，李益中的设计语言走向大部分都是现代主义，表现的手法也是以现代简约为主，即便是新古典、新东方、后花布、异域风情等设计语言，同样都以简化的方程式去处理，以简约的配方去梳理每一个设计。但笔者注意到他的每一个案例都非常关注语言结构的形成根据和变化，李益中的设计语言已走出很单一的结构，他擅长研发设计语言的走向；根据不同的项目属性，他曾研发过十几种语言配方，可谓“水来土掩、兵来将挡”。当然，他的聪明的地方有不少是悟性带来的收获，也有一部分是灵光一闪的灵性带他进入了一个有趣绝妙的空间。

说悟性，李益中很擅长自我学习。他告诉笔者自己早年比较轻狂躁动，有些书看不进去，不愿看书，现在不仅看进去了，而且还从书中学到了很多他平时很轻视的东西。尤其是看了很多大师传记类的书籍更是让他觉得设计是天外有天，好的设计构思没有止境，强中有强；大师们那种不张扬、不做作、不显摆的低调气质和自我修养境界给他留下了深刻印象。他不敢奢望成为大师，但他可以结合自己的实际吸收大师的设计思想和设计手法。

因此，他不仅根据设计方法论塑造自己的作品，还从空间的气质和品质上打磨自己。我们注意到他的作品大都做得很整体，很干净，非常注重语言的修辞手法，讲究设计语言因人而异、因物而异、因空间项目而异的转换方式。设计师最难应对的是挑战每个项目的不同点和差异感，也就是说几乎每个项目都有不同的商业定位，有不同的空间属性，那么，从不同的商业定位和不同的空间属性中能发现什么与此有关的元素，这里既有眼光层面的，也有功力层面的；既有思想层面的，也有艺术审美层面的。比如说商业定位的坐标与性质、商业定位的消费结构、商业定位的购买心理，这些定位其实都提示了自己的商业主张，流露了自己的商业情感，也许人们仅仅是看到了提示的表层，其实这就是一条通向空间主题语言设计色彩的线索，不同的商业空间主张与情感世界孕育不同的表达方式，不同的商业定位和属性空间应有不同的内在语态，这种不同就是语言设计的逻辑走向。

很显然，李益中就发现了其中的奥妙，他是属于既有理性沉淀，又有感性澎湃的水瓶座的人。有时瞬间做出决定后又瞬间推翻，在借鉴外来文化判断问题上，甚至预感可能会招致一些专业的负面看法，但他仍然会“执迷不悟”，这种挥之不去的感觉让他也很纠结：一方面充分享受着自己借鉴人家老外表述方式的一种心理上的满足感，尤其还会得到来自甲方的好评，让自己有种虚荣的饱和感；另一方面他会躲在一个没人的角落里，神经质地面对和拷问自己的所作所为，有多少是借鉴人家老外的东西，有多少是通过自己原创过滤融合的？又有多少是属于“嫁接”洋为中用的？因此，让我们看到他的的作品画面中，一笔笔平实诚恳甚至有时略显笨拙的拷贝的笔触中，有一股扑面而来的强烈而本真的善良人性气息，要是谁能洞察他本意是适度拷贝参照而没拿准分寸的话，他绝不辩解，他的坦诚和胸襟令人敬佩。如果说他从不回避问题，说明他的“心智”在茁壮成长，他敢于暴露坦诚自己的内心于天下，显然李益中逐渐走向成熟，尽管也有成长存在的问题。

若从外表上看，有些人年纪轻轻，但设计出来的东西老气横秋；反之有些人上了年纪，做的东西却充满了青春的激情。最有趣的是李益中第一次翻开《亚太名家设计解读》不由感叹此书做得如此精致，居然会是出自一个看上去五大三粗的人（笔者经常会被定格于五大三粗的形象）。其实李益中也算是一个很细致、很谨慎的人，但有时候看不准，他也有判断失误的时候。

比如说他有时把握不住借鉴的分寸和尺度，他的一些作品有不少是模仿欧美现代主义的。例如，安徽静泊山庄售楼处的大堂设计吊顶上那极具标志性的斜面向下的斗和接待台及背景墙，其实都是从意大利室内杂志《FRAME》中直接拷贝过来的；其实，在国内设计圈，拷贝老外的东西不算什么新闻，

“拿来主义”仍然盛行。当下的设计流行趋势，要么是“一欧（式）到底”；要么“一中（式）到底”，表现上的两个极端令人不解。即便是参考或拷贝老外的东西，也要讲究一种过滤和嫁接的技术手法。他没考虑那极简主义的超现代造型的标志性语言是不宜直来直去的，直奔主题地参考拷贝是李益中将来要面对的东西。当然他还有一些设计手法仍显不成熟，这一切如不能实事求是地面对客观的批评，其实都会影响他语言的独立性和原创性。设计参考与拷贝的关键是要看你的融合力有多大，这个融合力就是将参考和拷贝的元素做得恰到好处，不温不火，让人看不出来的拷贝才有味道。

**美中不足**

在深圳设计圈，设计师出的作品集在全国是名列前茅的。但做得有原创精神的我以为当数李益中，他的《样板生活》、《售楼设计策略》两本书无论从策划到封面设计，还是从装帧到版式设计，毫不夸张地说，都堪称精品之作。书中虽然也借鉴拷贝了一些东西，但对接得不俗，可以说都是一种融合的原创。比起他的设计似乎更有味道，也符合原创精神。尤其后一本书做得颇有新意，颠覆了堆砌图片的传统，用解读设计过程的方式，给人耳目一新的感觉，翻阅中有一股灵气和灵性扑面而来，让读者眼前一亮。

也就是说李益中是讲究方式方法的，如果他的设计控制一下借鉴手法，能像他出书之道那样考究，也许会提速他的设计，也会提升他的设计品牌。

入选本书的是由李益中设计的，目前投入使用的办公楼。我说你一年做那么多地产项目，为何不能给我一个未曝光过的作品？他笑而不答，带我去参观了他颇为得意的办公空间。看得出他对自己倾力打造的办公空间设计还是很自信的，似乎想说，我这个设计构思以及设计的完美度，足够让你满老师惊讶的。

当然，我并非抓住问题不放的人。首先肯定了他的设计整体性，尤其主色调的定位设计完美度拿捏有度都控制得不俗，现代简约构成手法的娴熟有度也日渐功力，用超薄钢板做的书架和超长尺度的电脑台都颇有创意。悬挑的反射灯光的手法也很给力。尤其在层高限制中还能从容不迫地表述一种有节制的优雅，这些都是值得我们一看的。虽然此作没有什么太大的失误，然而小的美中不足还是存在的。

比如对层高的处理，在4.8米的高度上做一夹层，按说对于有经验的人来说，若增加面积就没有必要暴露自己的垂直分割手法，正确的选择是让人看不出你做了夹层而增加夹层设计的原始自然性，这才算是上上策。然而在分割垂直空间的夹层挑空边界线上，他却刻意用黑色槽钢，在4.8米高度的二分之一夹层处，划分了上半段和下半段的分界线，不仅没增加夹层的自然性，反而增加了刻意一分为二的设计痕迹；这一圈的黑色边界线虽有黑白装饰对比，平衡白色太单调的考量，但却顾此失彼，难免削弱了夹层的整体设计的原始感。

另外，站在楼上俯视，往一层接待台上口看，薄如“刀片”的围合设计简直就像把锋利的刀刃，难免有让人产生“磨刀霍霍”的联想。尽管李益中善待客户有口皆碑，设计品牌的市场认可度涵盖了国内地产商近50个知名品牌。

当然，这仅仅是作品的一点瑕疵而已，总体看上去仍不失是个优秀的作品。如果他能在细节的整体性和借鉴的尺度上再投入一些灵性和精锐，如果他能在语言的系统规划策略上，找到自己特有的识别分辨力，并且让人很容易在铺天盖地同样是现代简约设计中一眼就能识别是李益中的语言。那么，他的设计语言才气也就更加完美。

无论怎么说，李益中在国内地产界的行销知名度还是很坚挺的，在样板房和销售中心的设计排序龙虎榜上还是名列前茅的。

## 个人简介

于强室内设计师事务所设计总监，中国建筑学会室内设计分会会员，中国建筑学会室内设计分会第三（深圳）专业委员会常务委员，国际狮子会中国深圳红荔分会创会会员、理事。

毕业于吉林师范学院美术系与中央工艺美院环艺系，1999年组建于强室内设计师事务所。

2001年APIDA第九届亚太室内设计大奖赛上中国大陆唯一获奖设计师，也是中国大陆首位在亚太室内设计大奖赛上获奖的设计师，2002年在深圳何香凝美术馆成功举办个人室内设计作品展，2005年在关山月美术馆举办“深圳十人”室内设计特展，2006年带领设计团队再获亚太室内设计大奖赛银奖，2008年中国国际室内设计双年展荣获金奖，2009年荣获“30年·30人中国室内设计推动人物”荣誉称号，2010年荣获被美国《时代》周刊评为“室内设计界的奥斯卡”的英国Andrew Martin国际室内设计大奖。

# 明快与理性同行

BRIGHTNESS COMING ALONG WITH RATIONALITY

## ——从于强处理空间手法看他的审美情趣

—On Aesthetic Views of Yu Qiang Reflected from His Space Processing Measures

于强（深圳）

# 179

## 入选理由

他的作品简约不失大气，现代不失时尚，明快不失内敛；他擅长用西方文明来演绎中国文化，将东西方文化融会贯通，他用多彩的简约时尚点燃了空间的璀璨，唱响了他的设计品牌。

## Reasons for Entry

His works are concise, modern and bright, yet still deliver some sense of power, fashion and steadiness. He is skilled in demonstrating Chinese culture through western civilization and combining harmoniously the eastern and western cultures. With diversified concise fashion, he brings us with a distinguished design brand that shows the splendid spatial art.

于强的公司，留给笔者的印象是，非常整洁、干净，一排排横向排列的30米长的白色电脑桌，过道边上，是一溜被重叠玻璃隔断的设计管理部门，将1 000多平方米的空间一分为二，近百人的设计团队，两边能都穿越中间的透明隔断，清楚地看到对面。

一看这阵势便知道于强非常擅长管理公司。公司的办公环境设计透明，是欧美发达国家设计机构最为流行的一种管理模式。无论什么岗位、什么职务，所有岗位职能空间一律透明化，包括工作状态、工作场景、工作指标，仿佛每个人都处于一种被“监督”的状态；当然，那种富有人气庞大场面感和壮观秩序感所产生的气场，也会让员工产生一种自我激励。

**拔掉电话线**

因头天晚上秦岳明给我接风，在酒席上见到了于强，他看上去一表人才，堂堂正正，仿佛是电视剧里扮演的人民法院的法官，两袖清风，一身正气；尤其是他两边留出极长的鬓发成了他标志性形象；也许是刚见面，从场面应酬上，他是属于不太会交际的那类人，反而能让人感觉到比那些善于交际的人更讲诚信，并觉得他可能是经过“碰撞”和发酵方显男儿精神的那类人。我说明天有可能到你那去采访，原计划是约定刘波的，这家伙总是有开不完的会，见不完的客户，似乎永远处于待定状态，为平衡采访计划，无奈只好将于强作为机动采访目标。

“没问题，我这边好说，你随便啥时都可以过来。”于强的善解人意，让每天高密度，高强度和高节奏与三个“武林高手”过招（每天采访三人），每天连续采访近20小时的笔者，总算有喘一口气的感觉。

于强的办公室很小，白绿两色，干净、简洁，阳光明媚，非常亮堂，虽小但很舒适。没聊一会，电话响了，他拿起听筒几秒钟马上撂下来，面对我无奈地解释说：“现在的骚扰是防不胜防，10个电话，有9个是材料商和保险商，正常的联络办公通信空间资源都给他们垄断了，推销产品以电话直销方式不经别人同意直接闯进来，想什么时候袭击你，就什么时候袭击你，整个社会好像是全民经商，市场经济让每个人都有一夜暴富的梦想，折腾得整个社会很浮躁。”话还没说完，不料电话又响了，他索性二话不说，将线拔了。他说现在属于自己的私享空间越来越少，只要一开手机，乱七八糟的广告“骚扰”你没商量，即便在家也不得清静；只要进公司，进入工作时间，你几乎没

# 183

有任何自由空间；往往一整天都被事务性的事情所淹没，还真不知道自己干了些什么。

不一会，有人进来找他签字，看到采访不断地受到干扰，与他善解人意的主张相矛盾，他似乎有些尴尬，索性将门也给锁上了，这样才有了我们相对安静的对话与交流。

### 不谈设计

国内设计圈做设计通常来自两拨人，有两个阵营：一拨是学建筑出身的，其手法是属于比较理性的；另一拨是学美术的，其手法是比较感性的。于强属于后者，早年毕业于吉林师范学院美术系，后进入中央工艺美术学院环艺系深造。按道理说学美术出身的有较强的美术功底，在设计优势上更多的是展现色彩与造型，偏感性色彩比较多，但于强的设计偏偏不是这样，他的很多案例描述都偏理性直爽，倾向现代简约和明快沉稳。他说："我的个人风格就是直截了当，简简单单，不拖泥带水，干干脆脆。"

于强闯荡深圳的第七个年头，在圈内朋友的"怂恿"下，第一次参加国际比赛——2001年第九届APID亚太室内设计大赛，他以现代简约的设计表述，出乎意料拿到了酒吧类的银奖。头一次参加比赛，意外荣获大奖，在十年前，恐怕也是国内设计师有记录第一个获得这样的殊荣。到深圳7年，能在国际舞台上争金夺银，其实他仅仅想试试自己的实力。实际上设计师心里都装着一个梦想，想出人头地，想被社会承认或被业界认可，这一切都事关设计师的社会荣誉与社会地位，于强也具有这样的虚荣心。

当然，获奖对设计师的形象与品牌推广还是起到了其他东西不能替代的作用，况且是国际大奖。其实2001年，他还入选被美国《时代》周刊评为"室内设计的奥斯卡"——英国每年一度的"Andrew Martin国际大奖赛"。2001这个数字对于于强是一个幸运数，那一年是他进入设计圈奠定知名度的一年，也是他跻身于深圳著名设计师行列的一年。

有一次，他邀约与设计圈朋友陈厚夫、刘波、洪忠轩、秦岳明、林文格、刘卫军、陈颖、周际和李益中聚会，酒过三巡，趁着大家情绪都不错，于强举杯提议：能否成立一个不定期聚会的松散组织；一不要什么章程，二不要有关规定；既没有压力，也没有盈利，也不是协会那种，更不涉及商业……完全是一种很放松的状态；想聚就聚，想散就散，想聊就聊，想发泄就发泄，想交流就交流的那种精英圈子。他的提议得到了大家的积极响应，这就是深圳设计圈最初的"十人帮"圈子，没想到这一聚，就是七年。七年中，他们不知道轮流做庄聚会了多少次，也不知道交流了多少次。其中，深圳十人设计展是全国最早设计师自发组织的展览，无论设计水准还是设计影响都成了当年的设计之最和报道热点，后面的抗震救灾捐款，两年一次的高校设计比赛组织策划，闻名全国四校四导师的实践活动——著名高校聘请他们做实践导师授课等，都为这"十人帮"的形象增光添彩，为我们这个社会留下了一点

传奇色彩，也让我们看了设计之外，触摸到了于强和“十人帮”的社会责任感。

不可思议的是，他们十人在一起，哪怕谈风月、谈女人，就是不谈论设计，也不交流设计。尽管他们暗地里从来没有停止过设计上的较劲，不动声色、不约而同地在很多场合同台比演讲、比魅力、比表现；尤其是自发组织的“深圳十人设计展”他们卯足了劲都想拿出自己最好的作品去“亮剑”；十人的作品放在一块“聚焦”，这本身就是一次公开的交流。笔者不了解当年的媒体是如何评价的，也许他们十人都彼此相互观摩之后的心情是不会平静的。很难想像那种暗中对比，暗中较劲的竞争心理是否不约而同袭击了他们。在那一刻他们十人彼此都似乎看清了自己在其中的位置，谁也不敢轻易说破这层关系，为维系这样的关系他们宁可不谈设计。也许他们对每个人的设计手法太熟悉了，像婚后七年的夫妻，非常熟悉各自的性格和脾气；似乎左手握右手，老夫老妻的，哪有那么多感情好谈的。笔者在设想，假如是一个武林高手的聚会，或是一个足球队的聚会，很难想像，他们的话题不会切换到拳脚上的切磋和球技上的互动，难道只谈设计以外的东西?

“是的，”于强再次解释说，“奇怪的是我们居然没有一次聚会是相互观摩讨论各自的作品，也从没相互交流过设计，好像从没有这种需求。”

“为何羞于谈设计与设计对话？难道你

们怕得罪人？”我追着不放，“设计师在一块，既不交流设计，也不切磋手法，很奇怪的聚会。”既然缘于设计而聚会，又不能坦诚面对设计交流，那是一种怎样理不清、道不白的心理？笔者也问过其他“十人帮”成员，似乎也得到印证。他们什么都聊，就是不谈设计，甚至十人之间，宁可与外人合作项目，也不愿意与聚会的兄弟合作设计项目。难道他们十人真的从内到外、从外到内，互相都很了解吗？难道他们没有一点相互切磋“武艺”，交流彼此设计得和失的需求吗？但事实就是如此，面对兄弟的得与失，面对兄弟的设计优势和美中不足，他们并非“装聋作哑”，而是碍于朋友情面。“我可以谈，也可以不谈；谈，有可能引起不快，导致不欢而散，有可能连朋友都做不成；不谈，反而好相处，让我们的聚会延续了7年。”于强的理性分析令我震惊，就像于强喜欢跑车，可快可慢，完全取决于自己的心情状态。别看他平时一副正气凛然、文质彬彬的样子，不愿意捅破这层窗户纸是他最强烈的理性表现。也就是说，在他身上不仅拥有强烈的社会责任感和正义感，骨子里似乎也有一种与生俱来的“中庸之道”，他宁可“坚守江湖之道”，也不愿去冒着得罪朋友的风险破除一些观念。“当然，假如有人不顾及别人的感受，光考虑自己的利益，触犯了做朋友的底线”，于强说自己会第一

个退出聚会……他是一个很有原则的人，因为这样并不妨碍他们什么，不谈设计的聚会让他们的活动延续了7年，尽管大家都缘于设计而聚会，这种对外谈设计，对内“不谈设计”的习惯会让他们更加自由，随心所欲。当然，这只是表象层面的，在更深的一个层面，他们都非常努力奋发，成为当下中国最优秀的设计师代表。

**审美底线**

每个设计师对设计都有追求，都有自己的审美观。于强也有自己的审美标准，把复杂的东西简单化，将美感以最简洁、直接的方式表述出来，美的东西尽管有很多展示方式，也有很多表述方式，但他最推崇现代简约，他主张将中国人的人文思考、逻辑思维用西方的美学、西方的技术和材料来表现，从而做出符合我们现代人追求的东西，但内涵却是我们中国人的。他一直在探索是否可用西方的美学、技术和材料来定义中国人的人文精神。也就是说用中西混搭，东西方文化来展示中国人的设计智慧。

因此，我们在于强的设计里看到很多现代简约、时尚的表述，无论空间大小，设计的属性是什么，他差不多都习惯用最简单的方式来表达，即便是新古典、新东方格式，他也不放弃对其简洁明快的处理。他觉得用简洁明快的方式去表述空间是一种审美情趣和境界。他用简单的方式和逻辑思维过滤着每一个看似复杂的设计，其实是一种能聚焦能量和浓缩精华的简单设计方程式。简洁中透着内敛，时尚中透着古典，明快中透着沉稳。他的色彩语言情绪，多半都是五彩缤纷的，时尚新潮的，明快稳重的，甚至饱和度也是极高的。比如投入的空间构成，以寻求尊重空间功能合理为准则，不刻意做太多的空间造型，求空间合理的大同，存细节精致的闪光，他有好得出奇的克制力，一切点到为止。比如投入的家具，软装与陈设，整体设想有不少是参照现代欧美的一些流行趋势，其审美鉴赏眼光也是不错的。尤其是家具与陈设，大部分都极具欧洲鲜见的创意，甚至是在米兰家具展才能看到的一些时尚摆设，包括一些灯具也是极具创意的舶来品。这样的设计手法通常被称为走国际路线，为我们展现了现代欧美简约时尚流行风尚。当然这也可称为一种经营策略，不可否认，这种路线与风尚在国内仍然有很大的市场需求，与其说是一种超现代简约的设计，不如说是一种超现代简约时尚的“派对”。也就是说于强找到了一种极为现代时尚的布置方式。他知道将什么舶来品与谁搭配，与谁衬托、与谁穿插、与谁对比最漂亮；放在什么地方最合适，最彰显它的审美价值；就像爱美女士参加时尚“派对”舞会，知道穿什么样的时装，戴什么样的首饰最合适。

本书入选作品红树西岸样板房设计，有很强烈的现代欧洲设计时尚感，除了功能设计趋向合理外，其空间家具、陈设和灯具几乎都是来自欧洲最新潮的舶来品。尤其是摆在主卧床头正中间的那几盏像莲花头的射灯，以及被照耀下的椅子的光和影的定格，都有一种身临其境到米兰看家具展的感觉。在国内设计圈能够从容不迫、气定神闲地模拟老外的空间布置手法，玩欧洲极具创意家具布置的人毕竟还不多；所谓商机不可多得，尤其是捕捉国际时尚先机的商业价值，就需要具备一种审美眼光。于强不仅有这种眼光和这种商业头脑，而且还抢占了这种最具国际家居设计前沿的“先机”。也就是说这种最新、最流行的舶来品配置的稀缺资源仍是国内设计市场的新宠，它仍然是国内样板房设计的一朵奇葩。没有谁会拒绝这朵美丽奇葩，问题是制造这朵奇葩的门槛并不是很高，根据国内设计风潮的习惯流行，这种手法很容易招致另一个层面的跟风复制。

笔者以为这种舶来品在国内尽管具有稀缺资源的需求趋势，然而这仅仅是一种外来文化的引进方式而已，包括于强引进的米兰家具展最具有国际流行趋势的元素——“泡泡艺廊”都代表着他具备一种国际设计流行眼界，也是国内设计师中第一个把米兰家具搬到中国的人。在红树西岸样板房设计中，于强主张用极具创意的欧美现代家具唱主角，尽管没有多少空间构成，尤其是摆放太多的舶来品形成的气场，很容易让人联想到一个国外“舶来品”专卖店的感觉。其实，提升中国人对欧美时尚创意家具品位认识这本身没错，对于样板房流行国际最具创意的家居趋势引导也没错。问题是将那么多昂贵的东西都刻意集中在一个具有市场示范意义的样板房设计空间，难免有“醉翁之意不在酒”的意味。让人想起他有一专卖店（泡泡廊）的暗示，说白了就是让更多的人知道他引进了“舶来品”，尽管可以理解，其手法似乎太过于直接了当，缺少一种更有趣味的迂回与含蓄之感。这与他一直想用西方美学、技术和材料定义的具有中国内涵的人文精神似乎有些偏离。作为中国设计师，除了对西方美学的敬佩和欣赏，除了掌握一些国际家居陈设流行趋势外，用欧洲极具创意设计激发我们本民族的设计立足点在哪里？我们在处理空间运动的情趣设计上，还有多少是具有中国文化的考量？毕竟住宅设计是与人的文化精神、生活方式和思想感情发生关联的，这些审美情趣无形中形成一道认识和了解国际家居流行趋势的过滤网，并有自己独立的审美判断，从他的红树西岸样板房设计中，很容易判断或察觉他的行为主张是一种怎样的心理。

在引进“舶来品”进入中国样板房的问题上，笔者有一个建议和想法：是否可以挖掘一些老祖宗的历史文化去穿插、去调剂、去反串、去综合，也许比单纯展示外来文化还要有味道。毕竟这种以陈列展示为主的样板房设计模式与真正的中国家居设计原创精神是不匹配的。古为今用，洋为中用，东西方文化的融汇贯通是于强当下面临的一大课题。尽管他的现代简约时尚设计做得不俗，也颇受市场欢迎；用他的话说，至少他没丧失设计的审美底线，做的东西还有人欣赏。但这仅仅是一种流行趋势而已，或者说是一种家具陈列展示艺术范畴。流行与经典，设计与陈列，尤其是创意空间与家具陈列的关系，现象与实质，表面与内涵两者之间关系是不容忽视的。客观地说，他的红树西岸样板房设计模式走向，极具国际家具前沿流行趋势，做得也很现代时尚，然而，很容易让人们以为他有“借势”展现西方美学外来文化“讨巧”的嫌疑。有很多事情就是这样阴差阳错，当你将设计策略误判设计创意时，表面上看是设计流行趋势让你“胜出”了，但从你的设计原创精神上说，前者是策略，后者才是创意，它们所承载的思想内涵是有本质上的不同。当你把“借势”当成创意误以为打开一扇智慧之门时，你又无意中关闭了另一扇原创智慧之门，用审美情趣“错觉”掩盖另一个审美情趣的“错觉”，是很多有才华的设计师犯的高级“错误”之一。

依笔者的经验判断，国内不少一线设计品牌都有骄傲的理由，都认为自己很强大。于强目前还是处于发展阶段，他毕竟还很年轻，其设计动态与设计走向显然还有很大的可塑空间。他的设计原创动力缘于现代简约时尚，缘于国际最前沿家居流行趋势，但其原创语言的“分辨率”和识别性还不是那么明显。坦诚地说，他可以不要理会笔者的逻辑分析，也可以延续他的设计策略，目前他用这种手法取悦客户，赢得市场是绰绰有余的，但它只是一种设计营销策略而已，毕竟市场也会越来越成熟而富有理性。但并不属于真正原创里面DNA密码个性输出的可识别性产品，因为国内设计圈很多人不约而同地都有这种“崇洋媚外”的西洋情结，而且有不将现代简约时尚进行到底誓不罢休的趋势。然而，众所周知，表现方式却有惊人的雷同，非常类似，并没拉开现代简约设计语言之间的差异化定义，大家将表述的现代简约时尚的兴奋点都习惯停留在某一种模式上，缺少一种颠覆现代简约模式所具有中国文化内涵的综合变化元素。盲目地引进外来文化而缺少和失去自己固有的东西是国人设计上的一个盲点。于强也不例外，欣慰的是，他似乎已意识到这种不足，进入了探索阶段。他是一个非常有悟性，有才智的设计师，需要思想上的交流，设计理念上的互相碰撞。笔者对他有些苛刻，有些严格意义上的要求，是因为他没有理由老停留在一个地方孤芳自赏，他应该放开胆子往前走，不论怎么说，笔者对他设计的明快与稳重同行，轻盈与沉淀的目标定位追求还是看好的。

期待他有更好、更杰出的作品问世。

# 打磨东西方空间的焊接点

TO PERFECTLY INTEGRATE CHINESE AND WESTERN CULTURE

## ——评戴昆东西方文化共融共享的住宅空间

–Review of Dai Kun's Residential Space that Integrates Eastern and Western Cultures

（北京）

## 个人简介

戴昆，建筑师及室内设计师。曾任北京市建筑设计研究院建筑师，北京伯尔明建筑工程设计有限公司副总经理，现任北京居其美业住宅技术开发有限公司执行总裁、北京居其美业室内设计有限公司总设计师。

近年来，致力于美式居住文化和生活方式的推广，借以推动中国陈设艺术的教育推广及发展。工作方向偏向住宅室内设计，主持了全国各地大量的样板间室内设计及陈设工作，同时担任中国陈设专业艺术委员会副主任，入选美国室内设计杂志INTERIOR DESIGN中文版“名人堂”，任ID+C《室内设计与装修》杂志编委，A＋A《建筑艺术》杂志顾问委员会委员。

作品与获奖情况：

作品参加中法文化年建筑交流展，赴法国展览

北京外贸阜外综合楼设计获首都规划设计展专家及群众评奖双十佳

北京亚澜湾别墅设计获北京市优秀建筑设计一等奖

北京国投办公楼设计获北京市优秀建筑设计三等奖

先后主持设计住宅及办公楼项目超过百万平方米

近期居其美业室内设计主要作品：

2010年　保利广州金沙洲04地块

2009年　龙湖北京颐和原著

2009年　浙江清源上林湖兼山

2009年至今　中信珺台

2009年至今　杭州青山湖郡原列岛

2009年至今　中海紫御公馆

2008年　绿城杭州西子一青山湖玫瑰园

2008年—2009年　绿城杭州养生堂一千岛湖玫瑰园

2008年　深圳水榭山庄

2007年　2009年至今　绿城南京珍珠泉玫瑰园

2007年　中海深圳香蜜湖1号

2007年　成都龙湖长桥郡

2005年至今　绿城杭州桃花源

# 190

## 入选理由

**他已登上高端住宅设计的名家排行榜，可贵的是他并没停留在巴洛克空间格式制高点上；他从欧式设计跨上中式文化空间舞台，仍然带着欧式的理性来探索中式空间的语言表述，他用欧式的舒适和精致奏响了古为今用、洋为中用、融汇东西的交响曲……**

## Reasons for Entry

He has been listed among the notables for high-end residential design, but does not stop over the commanding height of the Baroque space pattern. He advances from European-style design into the stage of Chinese style space; with European-style rationality, he explores the linguistic interpretation of Chinese-style space; with European-style comfort and delicacy, he plays a symphony of the present with past and the east with west...

戴昆给人的印象，好像除了欧式的巴洛克，没有什么别的招式。尽管他可以用此将高端住宅设计做到让财富阶层认可，在国内做到在欧式和美式的排名中名列前茅。然而，那毕竟是一种久违的奢华之极的舶来品……

偶然一次翻阅美国室内设计杂志INTERIOR DESIGN中文版，笔者惊奇地发现也有一个叫戴昆的人，做了一个纯中式语言的会所，那种像舞台戏剧一样的艳丽色彩，夸张的古典家具，精致的装饰手法令笔者眼前一亮。难道有两个戴昆？

一个是欧式戴昆？

一个是中式戴昆？

**吃欧式饭长中国风**

面对两个同名同姓的戴昆，无论是作品语言风格，还是其作品语言构成现象，没有理由让人相信这是同一个戴昆设计的。

然而，当人们普遍怀疑戴昆只会设计欧式和美式风格时，他突然在高端平面媒体上露了一招中式风尚，笔者禁不住给戴昆打电话，并证实是他新做的一个尝试……

“我不能老背着欧式，中式也有我的一片新天地……”电话那头传来被肯定的语气。

笔者开玩笑说：“现在全国人民都晓得你戴昆吃的欧式饭，做的欧式的事，怎么要抢人家中式饭碗呀……”

“你不是要让我从欧式里面走出来么？即便做中式这篇文章，也离不开欧美的生活方式。”

笔者知道戴昆所指的是中式家具好看不中用，尤其是中式的太师椅、圈椅坐上去不如欧式沙发舒服。他告诉笔者，他想要的中式是一种被现代人，不光是东方人，甚至还有西方人所认同的中式……他要么不说，要么说起来话匣子就关不住……

入选作品坐落在杭州桃花源生态居住区，这是一套江南园林式别墅样板房。地产商的市场定位是能体现城市精英对品质生活的追求，为高端住宅营造精致而休闲的高端生活模式，打造一个真正属于财富阶层的家天下。

对于一直致力于从事高端住宅设计的戴昆来说，这些耳熟能详的要求，他几乎每天都在做。所不同的是，他往日做的都是比较高端的欧式和美式风格的大宅设计，而这次甲方要求戴昆一定要做出一套有层次、有高度、有创新的，特别是具有舒适度的中式风格住宅。

与开发商打交道多年，他还是第一次听到对方将具有舒适度的中式风格摆得那么高。不错，营造舒适度是他的强项。吃了近20年的“欧式饭”，他比任何人都明白什么叫真正的舒适度。他对甲方提出的有层次、有创新的中式概念非常感兴趣，尤其是将有高度的中式概念导入，他觉得这是对自己知识结构的一种“检阅”……

**何谓层次？**

戴昆的理解：是否在中式空间语言构成上突出高端住宅的品质层次，并从中式硬件建设的品质感中细分品质的系统组合？

**何谓创新？**

戴昆认为：……用中式的“壳”，来装入西式的“核”，也就是用中文来包装巧克力，老外穿“唐装”而已……

那么，什么又叫有高度和内涵的中式风格？不过是个别墅嘛，哪有那么高深的东西？这个“高度”和“内涵”戴昆苦苦思索了几天……它显然不是指物质的高度，那么肯定是指向精神的高度，此命题太深奥，不

好理解。其实，开发商看中的是设计师对高端住宅设计的品质把握，对高档欧式风格的熟练操作。

对吃惯欧式大餐的人，如今要他弄一个中国风味的东西，不知道他能否将设计欧式那股劲用在中式上面，此案关系到他从欧式跨入中式在语言结构上定位的方向。其实，戴昆也憋着一口气，他不能容忍别人说他只会做欧式和美式，他觉得自己完全具备了做东西方文化相融合的中式设计的能力，他似乎有使不完的劲。

**中式的“壳”西式的“核”**

这是一个有园林景观背景的高端住宅区，几乎从家家户户的门窗都可看到其中的园林景观，可谓风景独好。我们先看客厅的布局，若从中式空间建筑结构看，“人”字顶的屋面有垂直高度的优势。因此，垂直高度与“人”字顶对称的中轴线是构筑客厅设计、彰显中式之“壳”最显著的表述方式。戴昆在处理中式建筑结构与欧式家具关系时，如何让中式的“壳”装进西式的“核”？如何将西方的“嫁妆”——英式家具移置到中式的空间做主角？戴昆这个“红娘”还是“拎得清”的，他不仅考虑传统“人”字顶高度绝对值与空气上下对流关系，同时也保留了“人”字顶结构，并在结构下方做了一个“垂花挂落”的四面围合。

围合的厚度不仅巧妙地将空调藏在其中，同时也形成了“人”字顶横梁的支撑点。为了让围合的底面不至于一“木”到底显得很沉重，设计师用了白色的多孔板，让沉重的木作结构穿插一点现代材质，目的是让中式空间不再沉重。有谁规定中式空间不可以轻盈一些，空灵一些？奇怪的是，现在的中式设计仿佛有双无形的推手，好像没有深色的中式家具，就缺少“贵气”似的，让大家的中式沉重得千篇一律。

最有趣的地方是原中轴线终端墙，也称“中堂”部位，戴昆设置了一个壁炉。客厅中间的茶几是中式的，沙发则是欧式的；地毯的图案充满着中式风尚，吊灯则是西式的水晶组合。这种一“中”一“西”、一“内”一“外”，中西融合，内外两种不同文化元素对比让空间孕育出一种东西混搭的效果。如果将客厅比喻成一首用小提琴演奏的“梁祝”协奏曲，那么，戴昆用西洋乐器“小提琴”演奏了一曲中式高端住宅版的“梁祝”，不仅充满了强烈的东西文化语言节奏对比，还有浓厚的东西文化风韵。听上去又是那么舒缓而轻松，大气而沉稳，时尚而奢华。可见戴昆对东西文化语言结构的见解与功力也日渐成熟，对中西文化混搭元素

空间研究也到了一个相当的层次。

壁炉的脚的造型很有趣味，它像中国的石鼓，用中国古老的石鼓来“反串”西洋的壁炉，设计颇有创意。古为今用、洋为中用，今与古、中与洋的有趣文化对比在此案中比比皆是。地面上出现了中国传统梁架彩绘图案的线条与线角，也体现出戴昆对拼花地面设计的细微考究。其细节精神构筑了空间的精致品位，可见设计师在对东西文化把控上，不仅有宏观的设计概念，又有恰如其分的微观表现掌控，这也是本案的一个最大看点。

### 奢侈与奢华的表述

此案仍然沿用了戴昆贯用的奢侈和奢华手法，也继承了他高端住宅资源要配置高端材质资源的所谓“门当户对”的观点。他将这些高端设计作派转化成了对高端住宅空间进行中西不同文化有趣相同点的联结。

在另一个接待厅的墙上，取中国传统大理石山水挂屏的立意，整面墙采用特殊山水纹石材对拼形成，由此产生暗含龙头、龙身、龙纹的浓彩重墨效果，颇具中国泼墨画的风范。再配置高档的英式家具、拼花木地板、昂贵水晶灯和定制的书画，充分反映了“好马要配好鞍”的奢侈设计观。即便在走廊的大理石门套落地的石墩，与地面的精细的彩绘线条细节上，戴昆都不轻易放过，他认为奢侈与奢华的元素不仅仅要在此案中用足、用够、用透，而且也要将东西方文化的对接拼缝点——细节部分焊接打磨好。

看戴昆的东西，高档奢侈与奢华会一下子抓住你的虚荣心，抓住你用财富切换的身份认同，他满足了拥有社会财富的一部分人的需求，就像进入了一个奢侈品展览区，让人感觉到奢侈品是昂贵材料和工艺制作的上乘。然而，奢华与奢华之间的气质碰撞，除了同样单纯的奢华元素的表述外，我们还有什么可对应表现奢华元素的宝贵东西？如果将奢华比喻成美女，那么，戴昆的东西就是一下子聚集了天下最美的美女。问题是她们到底“美”在哪里，是美在表面上，还是美在心灵上？也许表面的惊艳能引起人一时冲动，导致一见钟情而闪婚，遗憾的是表面的魅力很难持续一辈子。恐怕内在的气质才更能持之以恒。

那么，奢华的内在、奢华的时尚、奢华的文化、奢华的精神、奢华的品质又在哪里？奢华仅仅是为单纯的昂贵表现而存在的吗？尤其在高端住宅的设计理念上，笔者以为：目前单纯奢华流行蜂拥而至，使不少人陷入了为表现奢华而奢华的设计“套路”而不能自拔，看戴昆的奢华似乎也有这样的感觉。这样的深度要求对戴昆似乎太苛刻，每个人都有追求奢华标准的自由。然而，是否也允许笔者表述对奢华概念在高度与境界的思考？也就是说奢华的文化内涵要从单纯的奢华设计观里走出来。

如果说戴昆在这个案例中还存在一些什么问题，或者说还有哪些可以提升的空间，笔者认为或许还有更好的表现手法可以一试……

**“高档”不等于“高端”**

戴昆将高端住宅的奢侈与奢华元素一股脑儿地合盘托出，尽管也达到了高档奢华住宅的验收标准，然而，笔者以为这并不代表高端住宅设计的真正高度和内涵，尤其是不

能与高端住宅设计境界画等号。虽然一个奢侈品具有市场价值，但与一个艺术品的价值定义还是有天壤之别的。如何创造一个真正意义上的高端住宅空间，并使之适应现代人的生活方式，同时还可以用它的空间文化来陶冶精神，满足人们修身养性的需求则是我们要面对的课题。笔者以为并不是将所具有的高档元素搬出来，就可以称为高端住宅了，“高档”与“高端”是两个不同的含义。

高档——有价值昂贵的成分，但就像开宝马车的人不一定有文化。

高端——有文化认同身份的含义，但就像来歌剧院看歌剧的人不一定都是有钱人。

经典的奢华不仅有传统的外表，也必须有内在的文化属性。定制的高档家具，不一定非将油漆刷得那么“净亮”，传统花窗不一定非要用老榆木，设计高端空间不一定非用大理石。高端空间不一定非用高档的材料，就像有品位的人不一定非穿名牌衣服；说“漂亮”，不一定非用“漂亮”表述。比如收来的老家具也许破损得很厉害，但那很可能是几百年前有多少才子佳人使用过的，有多少历史文化气息藏在老家具中，这是当下生产的高档家具的概念所不能相提并论的。

高端住宅的墙面不一定非用昂贵的大理

石来铺设，二层的主卧不一定要将“人”字顶吊平而削弱别墅坡面的趣味性。用一些低成本的普通建材，不仅能衬托高档家具和高档软装陈设的关系，同时还能反映“高档”与“高端”设计的文化内涵。高端空间其实说穿了，就是一个能与思想、与文化、与精神相关联的畅想之源，而不仅仅是一个“宣泄”奢侈和奢华的地方……

如果将奢华与质朴、奢侈与平凡、奢华与时尚、奢华与文化、奢华与精神、奢华与传统融合起来，或许要比单纯的奢华设计观更有思想的高度，也更富有文化内涵，戴昆——你可以试试……

## 个人简介

大连轻工学院家具设计专业，1997年成立田军设计工作室，2006年成立北京瑞普设计有限公司，同年开始和俏江南餐饮有限公司合作至今，做了俏江南全国近30家的餐厅环境设计。

田军

# 中国元素 东方情趣

# CHINESE ELEMENTS, EASTERN TASTE

## ——从田军俏江南系列构思的中国情结谈起

## —Reflection on Chinese Complex of Tian Jun's Series of Conceptions for South Beauty

（北京）

# 205

## 入选理由

连续设计30家俏江南高档餐饮，不仅获得市场和业界认可，也让他一跃成为中国高端餐饮品牌知名设计师。他用真才实学点燃了自己的青春年华，用超越同龄人的理性沉淀了自己，他是一个有远见、有抱负和有思想的青年设计师，在浮躁浮夸、“作秀”当道的今天，他依然选择宁静致远……

## Reasons for Entry

Designing 30 restaurants for the high-end catering brand South Beauty not only brings him with recognition from the market and the design profession, but also makes him a famous designer of high-end catering brand in China. With genuine ability and rationality exceeding people of the same age, he shows great passion and meanwhile remains calm and conservative. Being a young architect with foresight, ambition and ideas, he chooses regression to tranquility in the coxcombry and realistic of the age.

军是笔者关注已久的设计师，他是中国著名餐饮品牌——俏江南的“御用”签约设计师。能被俏江南的老板张兰看中，可见田军有自己很独到的地方……

记得应CIID学会邀请到京参加一个评审会，笔者抽空见到了田军。田军介绍道，当时他从大庆来北京的时间不久，刚好碰上俏江南在北京的第一个设计，当时邀请的是法国著名设计师菲利普•斯塔克来执笔，其开价100万欧元，相当于人民币1000万元，这可不是国内餐饮界哪个老板都可以接受的。但俏江南承受得起，故引起媒体广泛关注，并一时成为中国餐饮界投资的重大新闻……

然而，好事多磨，与菲利普•斯塔克配套做图纸深化的某香港设计师不知何故与大师合作发生冲突，硬是将第一个有传奇色彩的俏江南设计搁浅了。恰巧，张兰在北京看到田军和朋友合作的一家大型餐厅——“御马墩”，这让她眼前一亮。就是如此简单，当运气和机会来临时，没有一点征兆，她问田军是否有兴趣接手她的俏江南并与菲利普合作，做图纸深化。

于是，田军接过菲利普的接力棒，一做就是5年，俏江南给了他历练高档餐饮设计的机会，也给了他释放才华的空间。

通常高档餐饮都有自己的市场定位，也有目标客户诉求，有关这一切营销与经营的管理策略，乃至每一家的设计主题方向锁定，俏江南都有很严格的规定和说法。光从名称上看“俏江南”的文字定义就很有讲究，既有中国传统文化内涵，又有地域文化的要求，既有闪亮和彰显，又有低调和内敛等设计要素。说到底，俏江南就是中国民族餐饮文化的一个象征、一个品牌和一个故事。

令人欣慰的是，田军有这样的本领，只要抓住一个核心元素，就能举一反三，聚集能量，尽情释放他的设计才华，他在谋划空间、引领空间和塑造空间方面有过人的地方。

田军为俏江南的系列设计，不惜代价挖掘出了不俗的主题元素，“输出”了不少有关俏江南主题餐厅设计方向上的系列及元素，如对于蝴蝶、金鱼、荷叶、陶瓷，甚至琴棋书画相关元素的运用。田军将自己的知识结构中所收藏的中国文化全部投入到俏江南30个门店的设计中，虽表现的是中式空间语言构成，却发现自己的所谓中国文化的元素仅仅是个符号而已。他不停地用符号去构筑空间，虽能撑住空间，没有大的“闪

209

失”，但连续30个俏江南工程，不间断的设计，难免有些符号审美疲劳。那些挖空心思、绞尽脑汁去收集的传统文化与中式语言符号，由于反复不停地输入空间，肯定会给人带来阅读符号的饱和感。

什么是阅读饱和感？即在同一题材讲述同一个故事。在同一类的视觉和体验都非常相似时，哪怕你将中国传统语言符号都轮番阅读一次，就好像让你变着花样顿顿品尝传统美酒佳肴，你也许有这样的胃口，但未必能承受住其中味道给味觉带来的麻木。

田军似乎也有这样的感觉，他告诉笔者，五年来自从接手俏江南，连续做了30个有关俏江南的分店，也就是说让你一口气做30道不同的菜，而且都限于某个菜系，这对于厨师美食审美知识结构无疑是一次考验。有很多厨师也许一辈子也就会炒那几个拿手菜，老实说，田军不想做这样的厨师。他宁愿改行做其他，也不愿一辈子只吊在几个拿手菜上。他是一个从骨子里不甘重复、不甘停留于某个空间时间太长的人。

尽管田军在俏江南系列设计中做过一些有思想、有分量的作品，也做过一些市场比较认可的东西，但回顾自己早期的设

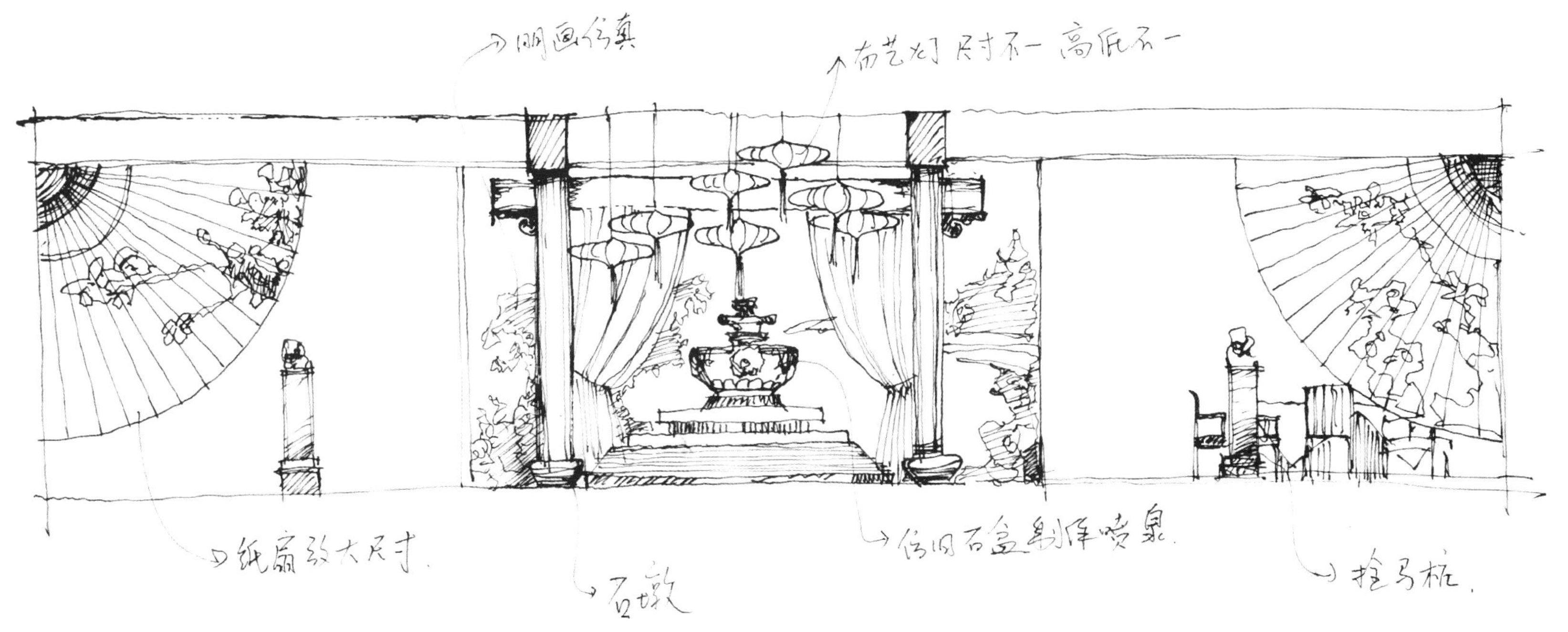

计，田军认为，还是比较稚嫩肤浅的。比如他曾盲目表现马赛克的艳丽，看见人家老外在空间吊几个石头觉得很酷，自己也跟风学酷；看见别人流行“混搭”，自己也试着“混搭”一次。笔者没想到，田军对于自己早期的设计，当着笔者的面，敢于自我批评，敢于自我审视，这反而彰显了他的成长与成熟。如果说田军早期的俏江南有模仿痕迹，那么，现在他做的俏江南则是理性的回归。他已走出模仿，就像书法家那样，已跳出“临帖”阶段，上升进入自成一家、自成一格的境界。这样的境界在他没找到更高的思想境界时，也许会延续一个阶段，这个时间段也是设计师最难熬的一个阶段。

田军在最近两年的俏江南设计理念中，更多的不仅从空间的人文关怀输出和过滤一个主题构思，还在空间的秩序审美与功能关系上梳理了形式与内容的高度统一。前者让他学会了藏风聚气，也学会了收住自己；后者则是一种理性与规则的回归，更强调空间的人文关怀，在传统文化与当代精神，在古典元素与现代生活方式对接上尽情释放。因为俏江南不仅有满足高端食客的高档系列餐饮，还必须有满足高档食客文化和精神消费的考虑层面。如果说高档系列的美食是一种可控可求的硬件关系的话，那么满足高档食客的文化与精神消费，则是一种不确定、不可预见的软件关系。也就说，你的设计风向标指向何方？能吸收多少文化与精神能量？能否在消费者极度闷热不透气时，吹来一阵清凉舒适的微风？能否在消费者闷闷不乐时，释疑解惑，让他们豁然开朗？能否舒缓情绪、稳定精神、传播思想，让消费者有一种如沐春风的轻松感？

尽管很多人都知道设计师从工作的角度来说，就是“挥霍”空间资源的大户，但没有几个知道设计师也是“挥霍”文化与精

213

# 214

神空间资源的大户。扪心自问，我们的空间资源和能够打造精神家园的文化空间资源，一旦落在了设计师手上，有几个人能在时代的前端和思想的高度做出零排放、低污染和最经济的清洁能源作品？又有几个人真正能做出空间资源能够承载人类高度文明的思想和文化境界的作品？当然，用这样的标准去要求田军似乎太苛刻……

入选本书的是田军在西安最新落地的一个作品，他延续了自己一贯的风格，抓住某一个核心元素梳理、过滤和细化，举一反三；在核心元素聚焦后，重新稀释、搅拌和筑模，再给予重新的演绎。

此次空间构成的核心元素是扇面，围绕古老的扇面元素多角度发掘有关的信息，再给予梳理过滤和释放。于是夸张的扇面、从天而降形成的半开放长椅，会让人斯文并彬彬有礼；大包厢界面、仿古的书画清新雅致；走廊的石鼓让人仿佛穿越了一段历史；大门的古老纹样体现了中国文化的博大精深；点缀的瓷盘与瓷具产生精致的奢华感。从一个空间场域转到另一个空间场域，从一个故事情节发展到下一个故事情节，以扇面为立意的主题元素为我们讲述了一个文人雅士的故事，形成了一个俏江南故事的完整版，这些元素从图案库提炼出来，拿出来做一篇中式文章的格局已完成。田军说做

设计概念，其实也就是发现空间主题线索而已，找到线索和灵感，也就是十几秒钟的事情。为寻求这十几秒，他有时会付出好几天的“静思”。

其实，对田军这样有强大消化能力和理解能力的设计师来说，俏江南的商业诉求他是清楚的。最难的是每年平均做6个体量超过5000平方米的大型餐饮，每一个都想有所变化和突破。尽管困难重重，田军从未放弃，他时刻都想突破并超越自己。然而，就目前田军所处的年龄段、知识结构和修养审美等状况看，仅仅从他原先的知识结构和思想库中淘一些新鲜的东西，再续俏江南的精彩恐怕心有余而力不足。

然而，与众不同的是，田军有自我学习、自我调节的能力。仿佛一辆刚长途返程的越野车，如再加满油，稍作休息，它还能穿越更难走、更复杂的路……他发现自己做的30个俏江南，尽管在设计语言的表述上似乎有些疲惫，但他还是在语言的叙述方向上找到了他所要的东西。他是一个非常清楚自己要走什么样路的人，有再造精彩的能量。他也知道自己的问题在哪里，甚至知道自己还存有创新语言的潜力在哪里，但不够细致、不够多变和不够系统的毛病总是伴随他同行。

他已走过了模仿阶段，现在已步入自产自销的“田式”语言阶段，也就是说他有设计研发生产能力，然而这种能力还仅仅停留在设计语言的遣词造句上，距“语不惊人死不休”那种比较成熟而又比较内敛清雅的系统的文风，似乎还差些“火候”，毕竟他才四十有一，精力充沛。美籍华人、著名设计师季裕棠说自己过了50岁，脑子才开窍，年届60、做了40年设计才有这样的感叹，这令田军不敢放松自己。有时候设计师就像跳高运动员那样，想高一厘米都是很困难的，在此时，假如光凭技术和经验是远远不够的……

如果说俏江南的设计语言是围绕奢华主题方向发展的，而田军已尝试做过了奢侈、排场和华丽，也做过了传统与时尚混搭等，那么为什么不可以尝试做一些去铅华、去符号的另外一种来自修身养性的禅宗境界的作品？为什么不去尝试一下用廉价的元素去表现构筑最奢侈的空间？为什么不尝试一下用最平静的沉淀去表现最隆重极致的奢华？有谁规定奢华的空间表现不可以尝试以上可持续的语言创新？

当我们已习惯了某一种奢华不停地复制和生产以致心理极度饱和时，能否让其保持一点饥饿感？保持一点设计理念的饥饿感，保持一点思想境界的饥饿感？

期待田军在未来会给我们带来更好、更美的作品……

### 个人简介

1999年创立高得装饰设计有限公司，现任设计总监兼负责人

作品涉猎较广，有办公、会所、餐馆、酒店等，在国内多次获奖

2003年出版《当代建筑与室内设计工作室实录》专辑

2006年凭《高丽使馆贵宾厅》获亚太室内设计双年大奖赛金奖

2007年获06'《现代装饰》（国际）室内设计传媒奖 年度精英设计师称号

2007年出版《新中式主义》

2008年受荷兰邀请参加设计周进行中国作品展示

2009年荣获1999—2009年中国室内设计二十年杰出设计师称号

2009年慈城建筑群荣获“联合国亚太地区文化遗产保护荣誉奖”，其中创作的设计项目有：宝善堂茶酒吧、走马楼饭庄、清道观及老子台、县衙商务馆等

# 老建筑 新品位的思考

## REFLECTION ON OLD BUILDING AND NEW TASTE

## ——观范江老建筑改造的设计手法

—Design Methods in the Renovation of Old Buildings by Fan Jiang

（宁波）

# 219

## 入选理由

他的作品充满着探索精神，他擅长用现代艺术去演绎空间构成，去穿越老建筑的时空，给人带来脱胎换骨般的惊艳；这种以“新”换“旧”、新旧穿插的方法，为我们打开了一个老建筑改造设计的新思路……

## Reasons for Entry

His works are filled with the spirit of exploration. He is expert in deducing space composition with modern art, and coming cross the time and space to recreate amazing images for old buildings. The measure of replacing old with new and combining the two generates a new conception for the renovation of old buildings...

范江做过不少老建筑改造项目，也积累了一定的经验。其中也有些老建筑改造设计作品荣获国际大奖。

范江的作品充满一种追求，他曾迷恋过“高技派”，对金属材料情有独钟，对钢铁似乎有种征服欲。同时他还擅长在空间设计中展示他的绘画才能，并将绘画做得惊艳而夸张，时尚而传统，有种躁动而宁静的矛盾元素。所谓“躁动”一说，是因为他骨子里似乎先天就不“安分守己”，总想挑战不同属性的空间；所谓“宁静”一词，是他在透支兴奋的设计情绪后，会连续好几天躲在一个角落读书或做他的陶艺……

**用现代编织古典**

月湖盛园是范江最近用现代手法做的一个老建筑改造的设计项目，他想从现代语言手法中，找到推进老建筑空间改造设计的时尚感。也就是用现代时尚去对接传统古典，用现代手法去诠释一个古典空间，在这方面他是一个有潜能、有创新思维的人。

对于老建筑改造，范江有一观点：要么，以“旧”制“旧”；要么，以“新”制“旧”。

何谓以“旧”制“旧”？他以为：大凡老建筑空间，都有一种来自历史和文化沉淀的气场，保住老建筑的历史信息和气场是至关重要的。因此，保留老建筑的结构，改造老建筑的传统立面，以还原老建筑真正的历史面目，并用与此相呼应的中式家具和现代家电做点缀，避免太“出挑”的东西，是以“旧”制“旧”的关键……

何谓以“新”制“旧”？他主张统筹老建筑的结构状态，确保老建筑的历史文化气场，打通老建筑太多的隔墙，突出老建筑改造后新与旧、时尚与传统的韵味。

很显然此空间设计他是用后者来叙述他的手法，比如用钢板编织的菱形拱形吊顶，充满了金属的强度与张力，彰显了中式的古朴。比如用钢板切割漏空的界面图案、漏窗和天棚，重新切割了传统空间的资源分配。比如用现代木作穿插原来只有横梁挑空的顶与青砖，与漏窗切割形成了动与静的对比。用竹板的可弯曲度去对接吧台的背景终端，巧妙地将顶与酒柜有机融合在一起，尤其是竹板横挑和弯曲到酒柜的上口——其错落有致的造型，硬是将一普通的酒柜“出落”得别具一格，煞是好看，堪称此案最经典的画面……

220

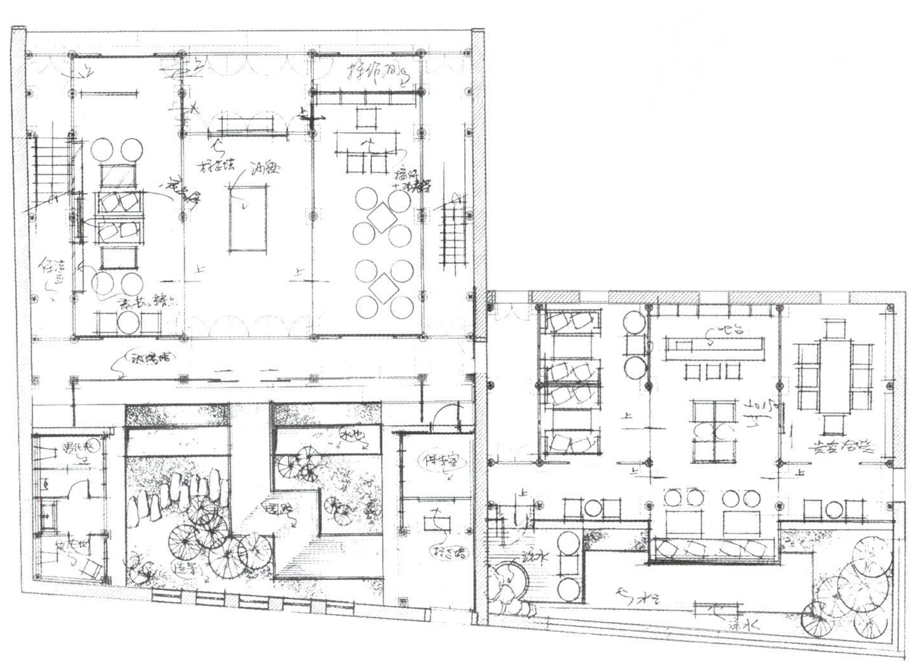

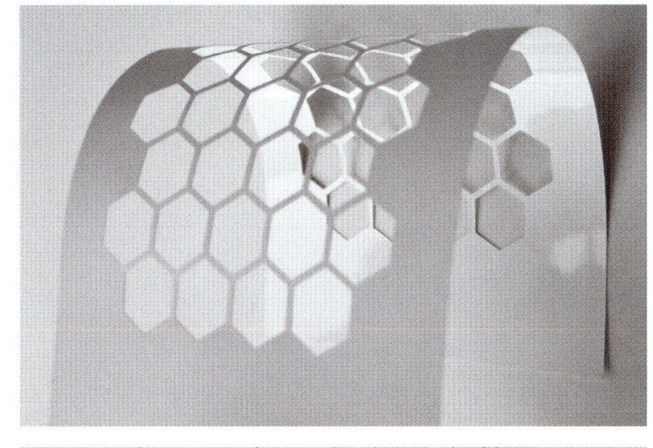

**用时尚穿插未来**

笔者注意到，范江用不少不同造型的漏窗切割了很多的功能界面，薄薄的米黄金属板切割的漏窗，不仅坚固而耐用，还颇有金属剪切的挺拔感，而用金属切割古典漏窗“反串”当代时尚角色是本案一大看点。漏窗的重叠与穿透、造型与变化，强化了传统界面构成的创意。以现代工业材料——金属钢板切割的古典图案做切入点，以外在表象的新时尚去融合古典传统的内容，给人一种现代时尚的历史穿越感，颠覆了传统老建筑改造设计手法……

设计师在空间中不惜使用大量工业材料，导致原来的传统古典空间有一种被现代时尚“嫁接”的趋势，比如地面是清一色的米黄地砖，家具款式也充满现代极简元素，整个空间构成仿佛笼罩在现代仿古的氛围中。范江几乎将他掌握的钢板切割工艺全盘托出，他想表达什么？

**新与旧的较量**

从范江这个作品语言构成实施层面上说，他试图用以“新”制“旧”的手法一统老建筑的天下，也就是用七分的“创新”，压住了三分的“守旧”，面对新与旧、现代与传统、现代元素多于传统元素，老建筑本质反而被削弱了，可谓“新瓶”装“旧酒”。坦诚地说，若是从以“新”制“旧”的观点分析，范江显然实现了他的设计手法，至少实现了他对老建筑改造设计的一个探索……

若是从衡量一个老建筑改造的“味道”讲，恐怕仅仅讲究手法似乎还不够，也许还得讲究对老建筑改造设计的思想方向，讲究老建筑那种“老味道、新感觉”的韵味。此案给笔者的印象可谓“新感觉”十足，而“老味道”不足。

笔者以为任何探索都应该被尊重的，也是允许的。但这个探索的“度”要把握得恰如其分就显得不那么容易了。尤其对老建筑改造设计的把握及拿捏，一定要适度、适应和适合。笔者以为范江对此案以“新”制“旧”而言：其创新精神可嘉，而尚缺保留或创造其经典传统的内涵。他将仿古建筑改造的重点投放到钢板工艺切割造型上，而疏忽了仿古建筑改造的本质。尽管这是一个仿古建筑，但用现代手法去贯穿仿古趋势与走向，笔者以为必须要把握住形式与内容、造型与本质的关系。而范江将仿古建筑改造设

# 224

计元素运用如此之广，范围如此之大，密度如此之高，有时一个场景的6个界面，居然有4个界面都处于满负荷的仿古元素，不论在整体与局部对应的关系上，还是在点与面的对比上，似乎都有点“散”。精彩的仿古元素可以用，但不宜太多，所谓点到为止才是真正的精彩。

既然是一个仿古建筑空间的属性，那么，这里面的新与旧、现代与传统元素的比例切分，尤其现代与古典的氛围走向及大的整体感觉营造就显得极为重要。如果说此案在表述现代时尚与古典传统对话上，前者过于强势和强大的话，也就影响了仿古建筑改造的空间属性表述。倒不如做一个纯现代的东西更来得痛快。就好像看古典戏剧，让现代人去扮演古代形象，为了让观众听得更明白些，对话可以通俗易懂，哪怕现代一些也情有可原。但你的服装装束和道具显然必须尊重传统戏剧的客观真实。如果穿得不伦不类、不真实，往小处说，反而会制约这个角色的真实感，往大处说，也影响了这台古装戏的整体美。

当然，做老建筑改造设计不能单纯和演戏作比较，但是至少要明白一个哲理，任何事物发展都有一定的规律，都要尊重事物的真实性和客观性，我们提倡尊重规律、发现规律，而不是人为地创造规律。

对于范江老建筑改造设计的探索本身是可取的，也是提倡的，对于他的老建筑改造设计的创新及手法，笔者以为要给予鼓励和支持，当然，我们也有义务和责任在肯定的基础上，提供一些有参考价值的学术意见，而不是一味地“捧杀”，这样对设计师的成长是不利的。

## 个人简介

武汉理工大学艺术设计学院副教授
中国建筑学会室内设计分会（CIID）会员
中国建筑装饰协会（CBDA）会员及设计委员会委员
国际室内建筑师和设计师联盟（IFI）专业会员
亚太建筑师与室内设计师联盟（IAI）理事
ICIAD国际室内建筑师与设计师理事会会员
大木（湖北）后象设计顾问机构设计主持

获奖情况：
作品入选ANDREW MARTIN 2010年度国际室内设计大奖
2010年亚太室内设计双年大奖赛评审团特别大奖
2010年度广州国际设计周“金堂奖” 年度十佳餐饮空间设计
2010年度金指环全球室内设计大赛金奖
2009年度APIDA第十七届亚太区室内设计大奖银奖
2009年度作品入选德国iF2009中国设计大奖
2009年度广州国际设计周“金羊奖”中国十大室内设计师
2009年度广州国际设计周“金堂奖”餐饮酒吧类中国十大设计师
2009年度Interior Design China “酒店餐厅类最佳设计”奖

# 创新理念与设计手法
# INNOVATIVE IDEA AND DESIGN METHOD
## ——透视青年设计师陈彬餐饮空间的语言走向
## —Chen Bin's Design Language for Catering Space（武汉）

# 229

## 入选理由

尽管他拿到了不少国际大奖，尽管已进入了教授级的知名设计师行列，但仍然低调做人、谦虚谨慎、不为名利所困、不为所取的成就而沾沾自喜，反而为自己遇到的“瓶颈”积极寻找解决问题的方法，他的自知之明堪称中国设计师的楷模……

## Reasons for Entry

Although he won many international awards and became one of the famous professional designers, he still stays modest, humble and cautious, not confused and smug for the fame, wealth and achievements. Instead, he is positively coming up solutions for the “bottleneck” he met. With high self-awareness he is worth being the example of Chinese designers.

很少有人让笔者为此写过三篇评论，一篇《亚太名家设计解读》，一篇是受《宁波装饰》杂志委托，第三篇是笔者现在撰写的《见证中国名家设计崛起》，陈彬再次入选……

是什么值得笔者“三顾茅庐”，为一个青年设计师再三“舞文弄墨”？陈彬身上有很多当下中国设计师最普遍的行为轨迹，也有中国设计师当下最为流行一时的奢华风和追求单纯视觉冲击感的经历，可以说是国内很有代表性的一线设计师，与其说拿他“说事”，不如说泛指一个现象。陈彬能从流行的国内设计奢华风浪潮中冲出来，能从单纯的视觉冲击波里走出来，都证实了陈彬的勇于告别过去、告别单纯思维的年代，他开始从成长阶段进入成熟阶段……

他是一个很诚实的人，也是一个信守承诺的人，笔者要求所有入选者提供的作品最好是新的，尤其是不要曝过光的。随着近两年有关陈彬频频在国际设计大赛上争金夺银的报道越来越多，慕名采访刊登他作品的媒体多如牛毛，每当他介绍自己作品，谈到“隐庐”（这是他最偏爱的一个作品）时，他都会说：“但现在不能让你们刊登报道，我答应给满登老师的，他在写一本书……”

那么，他最偏爱的作品——“隐庐”有什么东西值得他如此“孤芳自赏”而恋恋不休？这个作品有什么值得我们关注的？又有什么值得我们反思的？作品的得与失、取与舍、收与放又体现在哪里……

下面就“隐庐”餐饮设计空间构思与设计手法作一些“切片”分析。该作品坐落在武汉市的一个平静街区，房子正立面紧靠马路。据说业主找了几拨设计师没有一个方案能让其动心的，后经朋友推荐辗转到陈彬这里。了解下来，他发现前面好几拨人之所以未获得业主的认可，是因为没有一个方案能处理好门脸与马路贴得太近的关系，空间主题方向也不明确。

陈彬一到现场就看出玄机，餐饮门脸如果距街面太近，显然缺少心理上缓冲空间。如此大的空间，让客户进门第一印象就产生“平铺直叙”的感觉显然是不妙的。能否反其道而行之，有意将门脸“藏”起来，将入口放到里面去？这个“藏”字是否可作为作品构思的切入点？因为里面是一大院，既能泊车，又远离沿街面的喧嚣，这似乎为业主的中高档餐饮定位找到了一个切入点。最

# 231

重要的是这个切入点让陈彬终于找到了主题餐饮表达的线索，这就是“大隐于市”最初的构思。唐代诗人杨炯在《李舍人山亭诗序》曰：“大隐朝市，本无车马之喧，不出户庭，坐得云霄之致。”此诗意若能投放到他的作品中去岂不快哉？！同时他又翻阅“不识庐山真面目，只缘身在此山中”的有关资料，两个诗词典故居然让陈彬发掘出一个名词——“隐庐”，一个主题餐厅的名字豁然而出。

其实，不论做什么空间属性的设计，只要找到空间主题表达的线索和方向，很快就能勾画空间的主导思想，那就是叙述一个作品的轮廓与故事，稍微深入下去，作品轮廓会愈来愈清晰。现在不少青年设计师输就输在空间属性定位的主题切入方向上，似乎老是找不到方向，越做越偏离方向，越做越“走火入魔”，有些人做了二十几年，

钱，是挣了不少，但没有几个能称得上作品的……

通常讲，对于类似陈彬这样资历的人，无论是材质选配与技术指标，还是软装陈设配置都不构成他们做设计的障碍。他不仅掌握了构成空间语言的“单词”组合，同时语言“修辞”手法也日渐功力。如果说设计构思是一种创新理念的话，那么，通常的表现手法则完全可以复制，陈彬似乎也掌握了这个规律。

然而，设计理念的出处是无法复制的……

这是书中入选作品为数不多，让笔者有机会到现场去考察的作品。陈彬这个作品试图表述尽管身处城市的喧嚣，也可隐于市，也可以彰显城市的人文关怀的理念，输入低调而有内涵的元素，他力求摆脱以前常用的手法和传统的技法。比如对木、竹、石、棉、麻、藤、陶等的选用与不张扬、不做作、不跋扈的概念几乎是最贴近的。笔者注意到陈彬在“隐藏”概念的表达方式上还是有相当不俗眼光的。

比如对入口的处理，无论从招牌字型——“隐庐”的LOGO设计，还是从古老的“曲径通幽”传统手法上讲，陈彬都将空间的取与舍、收与放做得颇有章法，并让他的设计才华表现得淋漓尽致，尤其是入门处“S”形的动线处理，以及形成“一”字排的竹林式屏风设计，都颇有现代都市园林的风范。其点对点、点对面的灯光设计，可谓是出手不凡。

他在从沿街面看房屋内和从房屋内看沿街面两个不同的方向透视上，都作了“藏”

的处理。窗外移植了不少修长的竹子，为营造氛围，让消费者能在里面拥有好心情，陈彬将窗户玻璃作了磨砂朦胧的处理，看上去时隐时现，尤其在阳光灿烂的日子，那一抹冬日阳光直接拂到客人身上倍添温暖，颇有城市闹中取静的意境……

在对空间分割开放式包厢的界面表面肌理处理上，笔者注意到陈彬在表述手法上推出以了木与石的表情来阐释对“隐庐”的理解。令笔者眼睛一亮的是，他并没落入“雅文化”空间非得用青砖的套路，就像赞美“漂亮”不一定非用“漂亮”二字，而是用了一款有色差的亮光釉面砖。暖色木地板垂直纹路的张力与偏冷色彩的亮光釉面砖形成了有趣的对比。尽管亮光釉面砖有点反光，甚至有点光的耀眼，但在其他附在界面的软装和暖色木地板调和作用下，看上去仍然有不俗的表现。

另外，陈彬对“车木”的“自恋”情结同样也反映到此空间，他不仅将“车木”统一做门窗、楼梯扶手和楼道界面的统筹元素，形成一个有趣而统一的语言表述风格，还在开放包厢纵向透视重重叠叠门廊的概念上，狠狠过了一把“车木”的瘾，硬是将

"车木"的雕塑美感给演绎了一遍，也秀了一把"车木"像莲藕一样的节奏美。遗憾的是当你兴奋地打开一扇创意之门的同时，又无意中关闭了另一扇对应之门。虽然陈彬将他偏爱的"车木"元素运用得颇有新意，但在其他空间运用上就显得比较"死板"。比如像宝塔样叠成三层的大、中、小桌腿，定制的车木造型的椅子，楼道挑空部分隔断里的"车木"和柜子背后的"车木"做的几乎就是一算盘珠，既没大小、长短节奏，也没虚实变化，这是他在处理车木表现手法上顾此失彼的一大败笔。

另外，卫生间的设计也是陈彬最容易忽视的地方。当然，关于此案的美中不足，我和陈彬在现场也作了交流，提出了作品的一些美中不足，目的也是让更多的人受益。尽管如此，这个作品仍不失为一个好作品，同时也得到了业主的极好评价。据陈彬介绍，当业主第一次进入"隐庐"空间时，他居然默默地流泪了，他真没想到陈彬的设计会如此打动他……

这是笔者第一次听到因设计而感动落泪的故事。

# 奢华与惊艳的思考

ABOUT LUXURY AND BRILLIANCE

## ——观刘卫军设计语言的定位

—From the Trend of the Design Language of Liu Weijun

（深圳）

### 个人简介

PINKI（品伊）创意机构 创始人/执行主席

深圳市品伊设计顾问有限公司 董事总经理

美国IARI刘卫军设计师事务所 创意总监、首席设计师

社会职务SOCIAL POSITION

CIID中国建筑学会室内设计分会全国理事

中国建筑学会室内设计分会深圳（第三）专业委员会常务副会长

荣誉职称HONORARY TITLES

中国十大高端住宅设计师

中国十佳住宅设计师

国家高级室内建筑师

中国室内设计2007年度封面人物

美国IARI国际注册高级室内设计师

中国建筑学会室内设计分会全国理事

深圳专家工作联合会建筑业人才专家

首登《亚洲新闻人物》的中国设计师

美国HALL OF FAME 名人堂2007中国首批成员之一

CIID中国建筑学会室内设计分会深圳（第三）专业委员会副会长

# 239

## 入选理由

**他的作品色彩绚丽，棱角分明，别具一格，充满了奢华和惊艳；他用贵气和奢华打造的空间，不仅承载着财富的气场，还承载着打磨品质的责任；他为我们高端设计提供了一个成功样本，提升了中国人追求家居品质生活的理念和品位，弘扬了锐意进取和努力拼搏的精神。**

## Reasons for Entry

His works, colorful, angular and stylish, are filled with luxury and brilliance; He makes the space with luxury and brilliance, which shows not only the field of fortune but also the responsibility of refinement. He makes a good example for high end design and promotes Chinese people to pursue high quality life with his efforts and dedication.

一顶白礼帽，一副黑墨镜，一身白西装，一双白皮鞋，上身左边口袋露出一截白手绢，这种装束和扮相好像在拍电视剧，堪称设计圈最会扮酷的人，他并不在乎别人如何看待自己的审美观，只要自己开心，同时又不妨碍别人就好，这是刘卫军给笔者留下的第一印象……

所谓见其人，闻其声，文如其人，开门见山，直来直去，观刘卫军的作品似乎也有这样感觉，他毫不隐瞒自己的主张，总是直接表现自己的设计观点。他的设计项目大部分都属于高端住宅样板房、高端会所及售楼处；或许涉及的都是商业空间，尤其是对样板房的设计。房地产公司为推销和推广他们的产品，总是要在产品设计包装上做出自己的强势定位，因此促销与包装的导向语言成了刘卫军必须面对的现实，无论是针对他的设计，还是针对他个人形象，这似乎是绕不过去的弯。

很多设计师因为房地产住宅设计市场分级定位而定位，全国70%的室内设计师都被卷入了住宅设计与装饰，这是一个门槛很低、潜藏着巨大利益链的庞大市场。不同的是，住宅是按分级、分层次操作的，住宅的最高形态是别墅，刘卫军选择了住宅的终端——别墅。别墅，既有较大的空间可施展，又有高端收费的定义，更重要的是能买得起别墅的人，大部分都属于财富阶层。既然别墅的受众是一小部分富裕阶层，那么刘卫军的设计定位，注定就是为了满足社会上一部分财富人群的需求服务的。为高端阶层设计，首先要关注他们，研究他们究竟需要什么。如何设置一个高端生活方式，提升他们的生活品质，成为刘卫军生活和工作上所面对的内容。

不可思议的是，现在国内凡涉及比较高端的别墅楼盘，一旦样板房和会所对外开放，仿佛全国的高端客户和地产商，都不约而同地将设计消费定位为奢华。无论是中式、欧式和新古典，还是其他什么风格的设计，似乎千篇一律走的都是奢华路线。这是一种来自国内近十年房地产界刮起的奢华风尚，也是一个横行地产界强势的市场风潮，它一浪接一浪地冲击着设计师的思维，作为住宅产业链下游的设计师，几乎没有任何喘息的机会，似乎别无选择。你若要选择别墅，就要面对奢华的咄咄逼人，面对市场的强大需求，现实逼得你去适应它，刘卫军也

不能幸免。

有时候，为了公司正常运作，在强大的市场需求面前，设计师难免会改变规则，违心去做些自己并不喜欢的东西。刘卫军告诉笔者，正是这些不喜欢的东西，不仅成就了他的事业，还成就了他的设计品牌。如今在业界，提起高端设计品牌，无论怎么“掐”，都少不了刘卫军的身影，尽管他在设计圈是一个极有争议的家伙，引来众说纷纭，但这一切并不影响他做设计。他说他做的大部分设计都是顺应房地产公司要求做的产品而已……一不留神，这家伙清醒起来，那种带着孩童式微笑中的自谦和反思，还蛮令人欣赏的。但脑子一发热，那种冲动的情绪，说来就来，从0加速到100的过程几乎就是2秒钟的事，这些仍然会伴随着他和他的作品；直来直去、开门见山的性格及洒脱与张扬，仍然会在他的作品里展现……

实际上这一切都是住宅产业链的上游——别墅置业者惹的祸。先看看他们的出身，大部分出身贫寒；再翻翻他们的学

历，大部分都没上过大学，没接受过好的教育；假如追溯他们的家族史，甚至几代人都是无产者……这些所谓先富裕起来的、并代表财富阶层的消费者，在物质文明方面刚摆脱了贫穷，进入了富裕阶段就急于标榜自己的身价和身份。尽管改变身份和身价所用的时间很短，但提升身份、改变身价的条件仍然是极端物质的“提速”和极端财富的“炫耀”。然而，这里面从贫穷一跃跻身于富裕阶层的时间，远远短于他们受教育的时间。就是说，他们在积累、挖掘原始财富的过程中，没有遵循正常的市场经济交易轨迹，也没按着市场规则和有关约定俗成的路线走，而是绕过去走捷径“一夜暴富”。

有了财富力量的支撑，他们急于想摘掉昔日贫困的帽子，最好的方式就是购置豪宅，改变生活方式，向社会公开自己已进入富人群。因此，奢侈和奢华就成了他们改头换面的当务之急。他们对奢侈和奢华极度渴望，渴望被社会承认，渴望被财富阶层接纳。中国当下的别墅奢华风潮完全是出自于

他们的迫切需求而诞生的一个产物，如今在国内奢侈与奢华，几乎成了财富阶层的代名词。你要进入这个高端阶层，就必须学会奢华的包装。刘卫军似乎也不能“免俗”。令人欣慰的是，他在满足房地产公司产品包装设计需求的同时，也曾做过一些超越奢华风尚的作品，并凭此拿过一些国内外大奖，但毕竟是在整个高端楼盘都趋向做奢华的浪潮的间隙，在一个合适的时间、一个合适的空间自我加压的一个产物而已。也就是说刘卫军从不甘心被这种传统奢华牵着鼻子走一辈子，从他内心世界，我们似乎可以触摸到他的脉动频率，还是有不可小视的爆发力，人们发现，每隔一两年，他都会出现在国内外设计大赛的领奖典礼的舞台上。他是一个个性张扬、直来直去、不会拐弯的人，同时又是一个善于刷新获奖纪录的人……

实际上，住宅产业链上游——设计的买方市场在都倾向奢华的同时，对于像刘卫军设计的一些超越奢华趋向的优秀设计，他们也是满怀期待和欣喜的。就在延续奢华的基础上，我们在刘卫军其他获奖作品上发现他挖掘了一些新的奢华表现手法和表达方式。问题是这种满怀期待和欣喜的设计概率，比起刘卫军常规设计的套路产品并不多见。因此，作为住宅设计产业链下游的设计师，只要你肯努力去钻研奢华的主题设计元素，付出一定的代价，肯定是有收获的。刘卫军并非不明白这其中的奥妙所在，只不过他还没调整到最好的灵感拥有爆发状态而已。他

说他曾获奖的作品，其实就是个人精神和情绪状态处于最平静、最安心时所产生的心灵悸动和能量所使然。他告诉笔者，以他的实力和信心，他一定会超越奢华、超越自己，甚至在演讲中，居然公开高调宣布如何完成今年的设计产值，他的自信方式令人称奇。他的直白仿佛在竞选总统，告示天下。在他身上有一股永不言败的精神，凭着这种精神，他获得很多荣誉，因而也成为国内一线品牌之一。

说起高端设计风格，现在国内的别墅、样板房仍然是奢华当道，而且所表现的奢华风格和格式，无论出现在东北，还是江南，几乎都是一个腔调、一个模式。可见中国的奢华风潮已越过地域民俗文化，几乎垄断了全国的高端设计市场。笔者一直在研究这个令人惊叹的怪现象。为什么国内的奢华，人，不分南北，地，不分地域，文化，不分民俗和民族，都热衷于这种像一个模具刻出来的奢华风尚？这难道是一个不可越过的坎？笔者为其总结了五点关于国内传统奢华别墅的设计标准。

一是：顶面线条要奢侈，不仅讲层次，还得讲材质。

二是：墙面必须是进口实木和进口面料的豪华包装饰面。

三是：吊灯必须是进口，至少是仿水晶的豪华吊灯。

四是：家具必须是欧式或美式的款式，颜色一定是深色的。

五是：地面图案不是豪华大理石，就是实木地板拼花，怎么贵，怎么拼。

刘卫军坦言，他也抵挡不住如此冲击，有人要，他就敢给，有求必应，但并不代表他媚俗、妥协。公司的房租、员工工资、员工福利等，哪一样都少不了开支，为了维系公司的正常运作，即便生产

这样的传统奢华又有何妨？他虽然自信，但在关系到整个公司可持续发展的问题上，他绝不敢唱高调。其实，笔者还是提倡设计师做比较成熟的产品较为妥当，做这样的产品尽管没有多少设计创意含金量，但并不丢人。在我们没有充分能力超越传统奢华时，保持常规常态的设计产品的输出仍是当下的主流风向。

我们发现刘卫军的一些作品之所以能获大奖，都是摆脱了以上的奢华模式的“引力”才拿到的，毕竟大多数设计产品都未走出平庸的套路。其实，按他的设计底气，他是有能力突破这样的固有传统奢华模式的。但他并不是时刻都能摆脱“引力”的人，他在聚集能量，不甘心被传统奢华所束缚，时刻都在为挣脱“引力”准备着那神圣的“一跳”，跳出平庸，跳出传统，跳出模式。

我们从入选的西安阳光金城会所案例中，发现他有颠覆这种格式化的奢华潜力和能量。这套会所设计的最大看点，是将室内东西超大空间的纵深设计通透性做得洒脱而超然，室内三面大开间落地玻璃界面的通透性，毫无遮拦、掩饰的交流性，在布局软装和陈设的那一刻，掩饰不住的兴奋与情绪，

似乎就是刘卫军的性格写照。不掩饰、不做作、不敷衍，即便有些美中不足，其开门见山的性格反倒使空间充满了率直和坦诚。有些慕名而来的客户，要的就是这种率直和坦诚。尤其是室内与室外环境的设计交流对话环节做得不俗，会所的南北两个立面都做了水面映像造景处理，其造景效果也衬托了会所的寂静与安详，特别是室外的休闲的阳光设计，充满了乡村田园的自然气息，整体生机勃勃，朝气十足。花园的整体环境规划设计动线与植被绿化也是本案的一个看点。尽管作品延续了刘卫军一贯的奢华路线，但其中鹿角造型吊灯、鹿头装饰、鹿角椅子、用奶牛皮定制的系列沙发和地毯，乃至一些五彩缤纷的陈设形态与色彩都有出奇的令人惊艳之处，但却艳而不俗、多而不乱、乱中有序，颇有章法。可谓空间明亮、家具奢华、陈设艳丽、装饰时尚，虽手法很传统，但注入的奢华元素还是充满了青春的荷尔蒙，那种萌动颠覆传统奢华的欲望，在空间的表现痕迹中，跃然纸上。可见他的内心憧憬及埋在心底的创意并没有因每天面对铺天盖地的传统奢华风潮而枯竭。

美中不足的是，如果他能在控制惊艳和时尚的同时，审时度势，将一些拥有历史沧桑感的怀旧情结投放进去，再设置一些有收藏价值的文化艺术品点缀一下，那么，显然就比单纯表现现代奢华惊艳更具有文化气场和设计内涵，也就更具有穿越和发掘历史文化的时空感。笔者以为，设计越有味道、越有底蕴的会所，不要将你的才华仅仅停留在表现空间的奢华层面，更重要的是还要表现空间历史与文化深度。而眼前的画面，一切似乎都表述得太新、太炫、太艳，甚至太潮；给人的感觉，这里面的故事似乎都是刚刚发生的，里面所承载的内容，仿佛是刚从生产线上拿到的产品，而且空间布局都是模仿展览展厅的要求摆出来的，有太多的粉饰和包装的痕迹，仿佛一个高档家具的卖场……但总体看上去仍不失一个优秀的惊艳作品。

# 穿越超级空间

# THROUGH THE SUPER SPACE

## ——从周际设计37万平方米写字楼说起

## –From Zhou Ji's Design for the 370 000 Square Meters Office Building

（深圳）

### 个人简介

深圳市图人设计有限公司创办人、首席室内设计师。全国资深室内建筑师，曾获首届中华创意产业大奖--创意大师，2005年INTERIOR DESIGN中国室内设计十大年度封面人物，1989–2009中国室内设计二十年20位杰出设计师荣誉称号，其专注于大型公共空间及办公空间的室内设计，注重空间与人、人与环境、环境与自然的关系。

出版《当代建筑与室内设计师精品系列——周际室内设计》、《写生——设计》、《设计与表现-周际室内设计》等作品集。

# 253

## 入选理由

他不善言谈，却愿脚踏实地；他不善交际，却能玩转超级空间；他认定目标，十几年如一日，兢兢业业只做一件事，如何将超级大型写字楼空间设计做到有口皆碑，做到一个高度；内塑功力、外塑形象是他的座右铭……

## Reasons for Entry

He is not talkative, yet willing to be pragmatic; He is gauche, yet able to play with the super space; He sets goals and is dedicated to one issue: how to design the super big office building at such a level that the work is renowned to everyone. Building up the inner quality and outer image is his motto...

周际给我的印象似乎是不善言谈，不善交际，也不善包装自己。他在深圳“盒子汇”的“十人帮”里面个头是最小的，言语也是最少的，行为也是最为低调的。

到周际公司已是晚10点多了，仍有不少设计师在挑灯夜战赶图纸。周际告诉我做政府项目的特点就是赶时间，赶任务和赶交工，甚至要赶“献礼”。政府有政府的一些行政特点，并有打造人民公仆的政府形象的考虑；奉公、廉洁、自律等特有的政府口号，你要能听得到，感受得到。他们并不要求设计师有多少刻意的创意，而是要依据政府办公的统一规定、统一标准和统一尺度来设计。一个依法行政的国家机关，写字楼的整体设计通常应该是庄重的、简约的、大方的、稳重的。没想到一见面，周济在介绍自己做办公空间项目时一口气说了这么多。

在深圳“十人帮”圈子里面，周际是唯一做写字楼项目的设计师。通常很多人都不愿涉足写字楼，一是写字楼的表达方式受限制，空间构成比较难做；二是写字楼空间设计恐怕是室内项目中收费最低廉的。那么周际为何对此情有独钟呢？

周际露出憨厚的笑容，“大家都不愿做，不愿涉足，办公空间总得有人去做吧。”他说任何空间都有它的能量场，看你能否发现它，聚焦它；往往不好做的空间，反而有一种隐性的价值值得你去努力发掘它。

其实，写字楼空间也有很多内在的学问和说法，比如政府办公楼的设计，讲究办公效率，讲究等级规格，讲究规范尺度；民企办公空间讲究企业精神和文化，讲究个性张扬；而国企办公楼则讲究团队精神，讲究国企维护国有资产的共性。三种同样是办公空间属性，但它承载的空间文化内涵却是不同的。

比如在成都承接的政府项目——成都行政办公中心，总建筑面积达37.6万平方米，包括市委、市政府、市政协和人大政府四套班子的办公区。虽然表面上看上去很庞大，但实际上只要你做一套标准设计通过审核批复，其他三套领导班子，除了国家行政统一标志（LOGO）外，其他都可复制。尽管四套政府班子依法行政的功能有所不同，但设计标准却是一样的，很难想象这里面还有多少设计的乐趣？仅施工周期，一做就是三年，周际每一次到工地去指导，一待就是一个星期。这里面不仅要考验设计者的设计包容度和敏感度，还要考验设计者的工作态

福建华亚集团西南总部

華亞集團

度，若中途有了变动，还要修改图纸，那么大的体量，你能坚持到底吗?

其实周际所说的“复制”，在政府的写字楼里还是有一定要求的。例如在同级别的副市长办公室，面积必须要统一，装修规格必须统一，家具必须统一，墙纸必须统一，甚至摆放的植物花卉都必须统一，否则同一个级别的公平性就会遭到质疑。毕竟这是公务员进入领导层的待遇，待遇与规格是政府项目最敏感的东西，作为设计师你必须要有这种意识。当然，比起政府项目，周际更倾向做企业写字楼，至少设计空间的回旋余地还是蛮大的。随着周际在国内做写字楼的知名度的逐渐提高和设计品牌的传播，很多政府项目，包括其他办公项目都不约而同慕名找到周际，他做的项目也越来越大，最小的8 000平方米，最大的37.6万平方米。以企业办公空间设计为例，他说做那么大的超级空间，如果真要将它做到位，做出品位，做出高度，其实也是蛮难的。

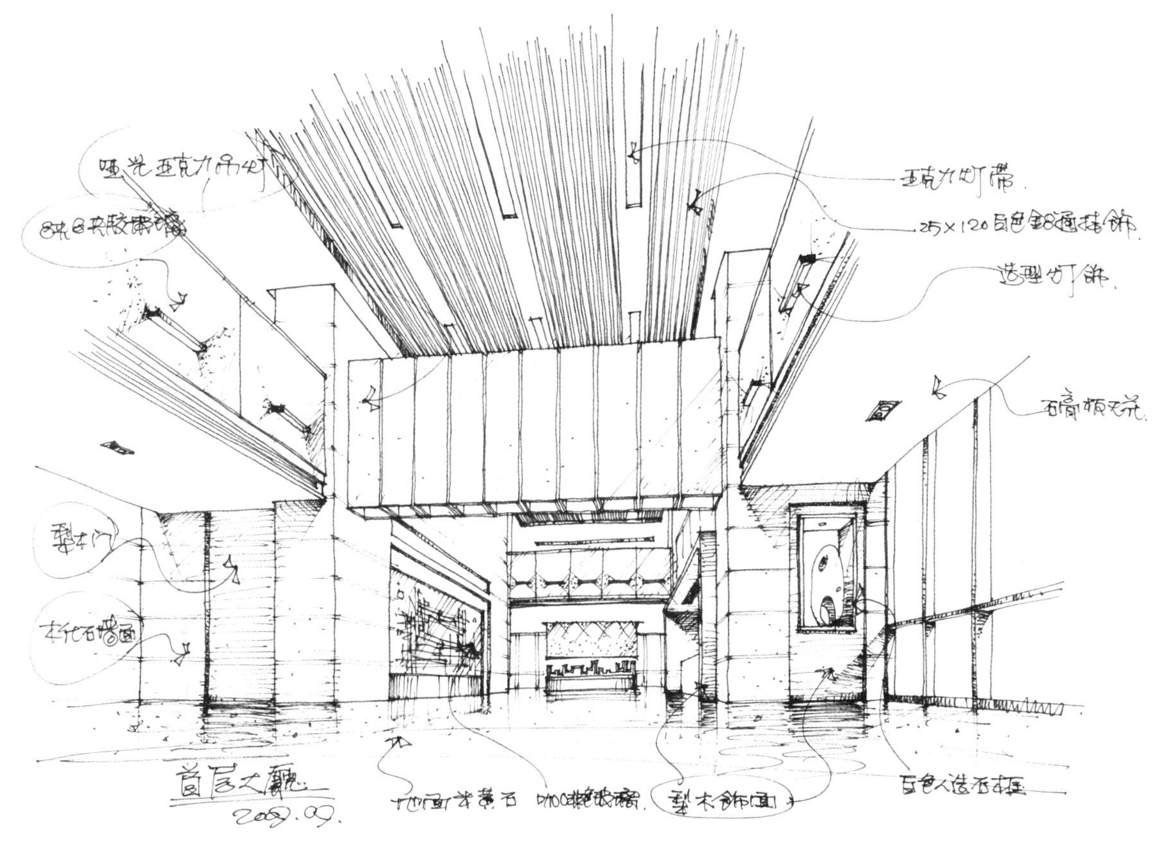

第一个难度：在规划设计超级空间写字楼时，你要有敏锐嗅觉，及时嗅出企业的味道，也就是说企业文化是什么，如何将不同的企业文化转化为你的特有设计语言？

第二个难度：在那么大的超级空间，怎么样才能梳理出一个企业特有的办公形象？如何才能抓住一个主色调，这个主色调就是企业对外推广的品牌形象，也就是企业的产品品牌共性是什么。

第三个难度：企业空间同样要讲究功能和组织流线的设计，那么，空间功能与组织流线的关系是什么，功能界面与组织流线的关系如何处理，什么是企业办公空间设计的侧重点？

第四个难度：由于企业办公空间太大，处理不好容易做得空洞、单调和乏味，如何将超级空间做的既有品位而又不失企业文化也是周济面临的思考。

面对一个个超级空间的处理，周际用了十几年的时间去研究、去调研。他告诉笔者，做大型的办公空间设计，关键必须要了解当下的中国国情，除了设计师要建立自己的设计话语权形成市场的一个品牌外，还要研究使用空间的决策人；在国内做办公设计，如不去研究中国的国情，不研究政府和企业的行为，设计者是很难大有作为的。

尽管，做这些超级空间不需要太多的个性与创意，但这里面往往就孕育了个性与创意，换句话说超级空间的个性与创意其实也是存在的，然而在它的表现方式上也许是不留痕迹，不允许有太多视觉冲击力和太张扬的手法。也就是说要将这些所谓的个性与创意融进超级空间，应是自然的、不露声色的、恰到好处的、点到为止的。像发酵的面团一样，一切都是慢慢揉进去的，揉得越细，发酵得也就越好，只有这样才能将你的作品，做出更富有隐性创意的办公特色。

周际的作品表面上看似乎平平淡淡，但实际上他将自己的一些个性和创意都压缩到一个很隐性的状态，并巧妙地融汇到整体设计氛围中，也就是将自己比较精彩的语言做得更低调、更自然、不突兀。在平静中见功底、在平淡中见创意、在平实

中见内敛是周际设计的一个特色。

也就是说你要讲究将个性与创意如何巧妙地藏在超级空间里，不显山、不露水、不张扬；但确实又能在你的超级空间中，能让别人感受到你的强大与低调。

我隐隐地感觉到周济的为人和处事似乎也有这种倾向——平淡、低调和内敛。那么，是设计师的性格影响了作品，还是超级空间强大的隐性气场影响了设计师，是设计师创造了空间，还是空间成全了设计师？就此问题，笔者岂能一人妄下定论，而是想与读者一起分享这里面的设计哲理。

也许，留下一些思考会更有意义……

注：“盒子汇”成员有：陈厚夫、洪忠轩、李益中、周际、于强、秦岳明、林文格、陈颖、何潇宁、琚宾。

## 个人简介

工作简历：

1999年　取得平面设计专业学士学位

1999—2003年　从事平面设计工作期间，专业设计企业标志和品牌视觉形象

2004年　取得室内设计专业学士学位

2004—2009年　创办南京目达室内设计有限公司，任设计总监

2009年至今　创办南京高轶装饰设计有限公司，任总经理兼创意总监

主设项目：

- 浪涛发型连锁等专业美容、美发、SPA设计
- 天籁意境
- 撒瓦迪卡SPA会所
- 东京秀客连锁发廊
- 邦妮女子会所连锁
- 时尚美容美发
- 龙颜造型
- 金夫人连锁
- 天熙整形会所
- 天波城别墅
- 春之源美容美体连锁
- 天鹰美容美发连锁
- 希美SPA美容会所
- 肯定宾馆连锁
- 肯定发艺连锁
- 皇超美容SPA会所

# 青春澎湃圆舞曲

THE WALTZ OF PASSIONATE YOUTH

## ——从高轶的美容美发空间时尚走向谈起

—From Gao Yi's Design Work for the Stylish Beauty Salon Space

（南京）

# 265

## 入选理由

她的作品不仅充满女人的柔润和妩媚，同时还有许多曲线和流线节奏的流畅美。如果说柔润和妩媚开创的美容美发空间更富有女人魅力的设计倾向，那么，曲线和流线主旋律创作，为我们演奏了一支颂歌青春澎湃的圆舞曲，它现代而时尚，轻盈而流畅……

## Reasons for Entry

Her works not only have tenderness and grace of women, but also the beauty of curves and lines with rhythm. If the tenderness and grace create the design trend with more female charm for beauty salon space, then the melody of curves and lines provide us Waltz to play for the passionate youth, modern and fashion, slim and graceful...

在最初确定《见证中国名家设计崛起》一书的人选上，笔者在所谓名家设计定义上，始终拿捏不准，名家是指已成名的设计师，还是以作品的品质来判断？如果一定要定义为那些设计知名度很高的人，那么对那些很有设计才华而名不见经传的青年设计师显然是不公平的。所谓名家也是逐渐进入公众视线的，要给一些有才华的年轻设计师机会是笔者为他们呐喊的一种方式，当高轶的作品出现在眼前时，她对空间的认识和处理手法让笔者眼前一亮。

这是一个两层300平方米的美容美发空间，当初业主要求高轶做一个现代时尚、符合当代美容美发潮流趋势的空间。客观地说，美容美发本身就蕴藏着一种暗合时代发展的时尚感，女人的妩媚和妖娆，仿佛就是制造时尚的基因。然而，国内的美容美发设计大多走的是“套路”和“程式化”的招式，既没新鲜感，更谈不上时尚。

如何在美容美发的“美”字上做文章，在“容”字上做包容，在“发”字上做点缀，这三个字成了高轶挑战自我的一道难题。她是属于迎难而上，不达目的誓不罢休的女孩。高轶原来也曾长着一头乌黑秀丽的长发，想起每次去美容美发店打理头发，那洁白的围兜上被理发师修剪落下的一丝丝黑发，让她浮想联翩，突发灵感。在一片白色的世界里，一缕缕乌黑的头发便是她要点缀的东西，她学过平面设计，知道“以白计黑、以黑计白”，这是一种极端的手法。

笔者发现高轶确定空间主题时，虽然将白色作为整个空间的基调，但面对黑白两色纯粹表现，她曾犹豫过。以这种极端超简手法来秀美容美发，对她来讲确实是前所未有。尽管她翻阅过一些欧美原版杂志，对人家老外的黑白配佩服至极，但要轮到自己对美容美发空间做黑白配，她反倒吃不准。因为欧美极简设计讲究的是“少就是多”，也就是用最少的语言表达最丰富的想象。假如要给美容美发空间置入一种很现代、很时尚的元素，其设计形态应如何塑造？她在考虑此元素的表现方式到底是纯粹黑白配，还是超越黑白配的另一种夸张一点的表现形式？她似乎很纠结一个问题，如何从欧美极简的黑白配走出来？但她换从没尝试过能否在黑、白、

灰、红、绿、紫等多元色彩点到为止?

那么，美容美发是否可以将“美”在形式上做到极致?有时候想的很多，考虑的也很多。但一旦下手，就刹不住，很多年轻设计师都有类似的经历，高铁似乎也有这样的感觉。比如在空间整个色控中，她最终还是经不起色彩的“诱惑”，她不仅用了白与黑、白与灰、白与红，还忍不住用了白与紫、白与玫瑰色、白与绿。她是一个一点就通、颇有悟性的女孩。尽管她壮着胆用那么多颜色，但却都是以点缀为主，也就是一个空间，6个白色界面上将这几种颜色点到为止。对她的作品能得到认可和被评价，她还是很期待的……

笔者注意到二楼楼道边有一敞开的画

# 271

# 272

面，墙面是灰色线条，画着树的图案，上面挂满了高低错落的黑色、红色、玫瑰色圆盘，前面是一排和背景墙并行的工作台面，有两面背对背像米粒造型的镜面，两把紫色椅子，再靠左边有一绿色天地的休息区。笔者数了一下，有白、黑、灰、绿、紫、玫瑰色等六种颜色簇拥在一个画面内，如此大胆，五彩缤纷，却多而不乱，居然如此和平相处，堪称中国美容美发设计最美丽的空间。

同时笔者还发现高铁在控制空间构成时尚元素时的统一性，她将女人的柔润与曲线高调呈现。比如说楼梯的围栏及顶面的圆弧，接待区的圆润的墙面和镂空的服务台，工作台面的曲线与像米粒一样造型的镜面，哪怕是休息区的门洞也是米粒造型。尤其是她在处理一根柱子的造型时，居然将柱子变成一个花朵怒放的花瓣造型，五朵花瓣形成五个工作位，可谓圆润与曲线同行，轻盈与时尚搭配，为我们演奏了一支现代而时尚的青春圆舞曲。

当然，在肯定高铁的设计颇有创意的同时，也有很多美中不足。例如那几朵怒放的花瓣虽有米粒造型的镜面围合四周，却没加入工作台的考虑，也没有让客户喝茶放茶杯的地方，不知道理发师的常用操作工具放在

DREAMS
---Langston Hughes
Hold fast to dream
For if dreams die
Life is a broken-winged bird
That can never fly.
Hold fas to dreams
For when dreams go
Life is a barren field
Frozen only with snow
Up in the air and over the wall
Till I can see so wide
River and trees and cattle and all
Over the countryside---
Till I look down on the garden green
Down on the roof so brown---
Up in the air I go flying again
BED HEAD

哪里？二是五个花瓣向上的曲线与上下方都用暗红这样深沉的颜色，似乎有些突然，好像唱歌一不小心唱走了调。另外，紫色椅子的脚、楼梯上方的圆润造型与楼道的90°角，用如此多的直角与方形对应圆润组成的主旋律似乎也不舒服。当然，最不舒服的画面，当属花瓣边上的一个立面，居然用裸露的像刀片一样的清玻，展览了如此之多五颜六色的美容美发产品，由于太散，由于玻璃隔板太薄和周围环境的融合度有些冲突显得不伦不类，花哨得没谱。让笔者感觉到高铁在谱写这首青春圆舞曲时，前面起唱得还不错，挺有旋律和音律感甚至能引起人的共鸣，然而到结尾时却控制不住，可谓“虎头蛇尾”。如果说上面一幅画面堪称中国美容美发设计最美丽的空间的话，那么，对此画面笔者恐怕就不敢恭维了。

可以这么说，高铁是一个有审美能力和设计才华的设计师，但她对空间运动发展的把控处理还不是那么成熟，尤其对空间构成的节奏与界面展示功能设计拿捏尚缺火候，对于空间韵律理解还是停留在她目前的知识结构层面——似乎不擅长逻辑思维和系统梳理，以至于她的设计大“起”大“落”。让人感觉到她的项目，优点与缺点都十分分明。另外，她对楼梯扶手和接待台与墙面的尺度及圆润自然的空间处理都很多可塑性，也就是说空间的圆润与曲线不仅是舒缓时尚的，而且也是轻盈和灵巧的，富有张力的，富有韵律感的。这一切都有待于高铁在未来的设计构思中给予切实的深思！毕竟，她还年轻……

但不论怎么说，她对美容美发空间的总体构思，包括特有美感气息氛围的营造和聚敛，还是做得不俗的，坦诚地说，此作仍然不失为优秀作品。

# 欢乐色彩（北京）

# HAPPY COLOR

## ——从王凤波的居家设计色彩所想到的

## —From Wang Fengbo's Design for Colors of Home

## 个人简介

出生于内蒙古东部，科尔沁草原。一个不会讲母语的蒙古族女子，从事室内设计14年

现居住地：中国北京

职位：北京乾图室内环境设计有限责任公司副总经理、首席设计师

曾就读院校：内蒙古教育学院、中央工艺美术学院（进修）、北京大学广告艺术设计、人民大学EMBA

设计特点：钟爱浓郁热烈的色彩，追求简单平实的生活

曾获奖项

1999年在北京市建筑装饰协会举办的“家居设计大赛”中荣获优秀设计奖

2000年在中国建筑装饰协会、中央电视台合办的“全国家居设计大赛”中荣获设计大奖

2007年在中国第一届“十佳配饰设计师”评选中荣获“中国优秀家居配饰设计师”称号

在“伊莱克斯－关注中国样板生活”2007年度中国十大样板房设计师评选中被授予“2007年度中国十大样板房设计师”50强荣誉

2008年入选《改革开放三十年 辉煌的中国设计》“中国百名有成就的资深与杰出室内建筑师作品集”，被特授予荣誉称号

2009年“中国室内空间环境艺术设计大赛”一等奖

2010年中国室内设计年度优秀作品奖“最具生活价值作品”别墅设计

# 279

## 入选理由

红的热烈而奔放，蓝的明朗而沉静，黄的珍贵而富有，白的现代而时尚，红蓝黄白构筑了空间的欢乐色彩，犹如浓墨重彩的工笔画，仿佛为我们的生活描绘了一个色彩斑斓的世界。

## Reasons for Entry

Warm and free red, clear and quiet blue, precious and rich yellow, modern and fashionable white, these four constitute the happy color of space, like the significant paintings, describing a world of colorful life.

视编导给笔者推荐了一个蒙古族女设计师，我说设计做得怎么样？推荐者说你看看再说，应该不会让你太失望，他知道我对入选者比较苛刻。

设计师名叫王凤波，她一开始给我一个案例，色彩浓郁而鲜明，热烈而奔放，仿佛将我们带入了异域风情的某个电影场景里。最有小资情调的莫过于卧室铺的床罩居然是一种带涤纶光钎的软纱，表面看上去鲜亮且半透明，金光闪闪，煞是好看；然而阳光一照，面料就反光，犹如在拍摄影作品时，一不留神被溜进去的反光给毁了，我指着床罩说：“很遗憾，有些光污染……”

她好奇地问：“……什么是光污染？”眼睛里面充满了求知欲。

我举了一个例子，比如说你家对面是一栋幕墙玻璃的高楼大厦，幕墙玻璃就像巨大的镜面一样，不仅能映像蓝天白云的美丽，也能将你家的生活情景照射进去，更糟的是大楼的幕墙每到了与太阳形成一个夹角时，聚光的反射光通过幕墙玻璃就会直接照到你的家里，会刺得让你睁不开眼。如果是拍照片，特别是拍室内时，这是摄影师最忌讳的东西；本来你的特色就是渲染色彩的律动与个性，色彩很浓厚也很漂亮，色彩与彩色之间冷暖对比过渡都很有章法，突然一束光通过面料反射到你的眼睛里，你觉得舒服吗？你觉得协调吗？

作为住宅室内设计师，王凤波第一次听到光污染与室内设计的关系，她没想到面料也会反光，成为污染视觉审美设计的罪魁祸首……

她又在电脑上搜索了半天，打开另一个案例。“这是我家的设计，你看行么？”声音轻盈，似乎唯恐惊动了笔者透视作品的敏感度。这套作品延续了她在空间设计的特色，仍然以浓郁的色彩见长，以丰富多彩的工艺品陈设点缀取悦眼球。客厅地面是古蓝仿古砖，甚至上面镶嵌了一圈橘红色的围边，将色彩对比做了一个极限；墙面是金黄色的硅藻泥张扬着并富有视觉肌理舒适感；顶面是极具蒙古族图腾的彩绘，悬吊着一盏国外淘回来的时尚铜灯；餐台台面玻璃下面压着一张满是花卉的图片装饰；书架上挂着圆形铁艺挂件，两边摆满了书和各类工艺品。一个空间，6个界面尽管有些眼花缭乱，

Richard Rogers
SPACE DESIGN

几乎都被浓郁奔放的色彩浸透了。有趣的是，虽然色彩五彩缤纷多得不可思议，但色彩居然控制得如此老到，多而有序，鲜而不俗，尤其是卧室墙面的古董与橙色的强烈对比颇有一种从头到尾被浓墨重彩渲染渗透到骨髓的感觉，仿佛用色彩酿造的葡萄酒，闻上去很香，很有诱惑性，对于“贪色”的人，一不留神，就有被灌醉的可能……

笔者虽对她这种浓墨重彩表现怀有好感，但对空间的家具陈设布置得满负荷有些个人观点。所谓“水满则溢”是我们老祖宗在几千年历史中传达的博大精深的文化。任何空间做“满”是容易的，而做得恰如其分是有讲究的。当然，能够做“空”而富有意境那才是设计的最高境界。构成、色彩、陈设、点缀并非多多益善，而是恰到好处，点到为止。当然作为设计师自己的家可以做得有个性一点，但从个性中也能看出设计师的审美情趣。现在开设软装陈设单列式的课也是近二年的新生事物，对空间的陈设，设计笔者一直主张陈设布置设计也要讲究节制和节奏。王凤波似乎也有这样的犹豫，在装修前想得很多，构思的也很多，一旦下手就刹不住车。尤其在软装陈设布置时，恨不得把天下所有最漂亮的东西和她的最爱全部投放进去。陈设设计也要顾及空间与陈设的关系，讲究节制和节奏的原则，空间构成除了有节制和有节奏的限制设计，其实空间容易陈设也讲究投入的容忍度和舒适度，陈设摆放审美鉴赏并非以“量”取胜，收不住的软装与摆设的同质化趋势是当下很多软装设计师的通病。

软装陈设的审美与鉴赏设计是一门很有讲究的学问，国内目前还没哪一个人能称得上这方面的大家。因为每一个陈设不仅有它的属性意义，同时还有它传达的气场信息，不同的陈设有不同的能量气息，包括陈设与整体空间主题的关系和走向都有一种内在的血缘关系，也就是说任何一种陈设与摆放其实都存在一种美学上的自然匹配，和能量聚拢与散发的氛围，如摆放得太多、太密集，显然它们的能量是相互抵触的。

# 284

另外，她用机制红砖做界面分割，做楼道拱形，从色彩关系上是找对了。但对每块砖几乎是一模一样的肌理和颜色而形成大面积界面，难免会生发那种机械、呆板，以及毫无味道的信息传达。缺少一种新与旧、自然色差和时间磨砺的变化，反而失去用砖铺设的意义。我以为王凤波作为一个蒙古族设计师，对草原色彩的拿捏、对东南亚的自然元素的吸收、对回归记忆的元素打造，甚至对工笔重彩的元素考虑，在她的作品里都有所系统结合，这是构成她设计混搭信息的一个组合看点。她是一个有才华、有想法、有潜力的设计师。

最后分手时，我告诉她尽管她的浓墨重彩有激情、有碰撞、有想法、有亮点，

至对色彩感悟有些任性；但不妨胆子再大一些，想法再沉淀一些。你不是蒙古族吗？蒙古族的姑娘长袍好像也是五彩缤纷的，花枝招展的。你既然可以浓墨重彩，为什么不可以轻妆淡抹？草原那达慕，如果彰显了规则和力量，那么马头琴的旋律则演奏了草原生活的自由奔放，那悠扬的琴声明亮而欢快。如果说王凤波擅长绘画空间浓墨重彩吸引了一大批她的粉丝，为何不能再尝试一下给空间化化淡妆？笔者认为空间化妆术，浓有浓的酣畅，淡有淡的雅致，所谓浓妆淡抹总相宜，其实，美丽也要与时俱进，随着时代发展而发展。我们总不能老停留在某一个审美层次上，让你的浓墨重彩在阅读情绪上发生审美疲劳，毕竟你还年轻……

王凤波……你说呢？

289

# 时尚梦幻的手绘秀

THE FASHIONABLE AND FANTASTIC DRAWING SHOW

## ——评述手绘艺术家广阔的设计手绘作品

-Comment on Guang Kuo's Drawing Works Full of Imagination

（北京）

### 个人简介

深圳室内设计师协会理事
北京潮人装饰设计事务所有限公司董事长、设计总监
1989年参加中国首个主题公园，深圳特区华侨城“锦绣中华”大型艺术景观的设计与施工。后又参加深圳“民俗村”“世界之窗”“欢乐谷”“海上田园”等主题公园增改项目及大型主题雕塑的设计。
1995年进修结业于中央美术学院。
2003年于深圳社会科学院旅游产业研究中心，从事大型主题公园的设计与研究。代表作品为：山东招远“黄金乐园”主题公园项目规划设计及景观建筑与大型景观雕塑设计。
2005年在京从事大型主题餐厅的策划设计与施工。代表作品为：法式铁板烧北京“文府大厨”西单店、老北京传统火锅“京涮坊”长春连锁店等。
2010年开始从事设计中国首个电影主题公园的项目规划设计。代表作品为：江苏花桥“网上世界电影文化博览园”整体规划及艺术景观、景观建筑、景观雕塑等。
广阔长期以徒手绘画的方式表达设计思考为乐，其设计思维独到，表现风格娴熟洒脱，雄奇劲健，具有强烈的个人艺术风格。
作品由“中国建筑与室内设计师网”，“中华室内设计师网”等官方网站名家专栏介绍。

## 入选理由

他的手绘作品像卡通那样，让人忍俊不禁，妙不可言；像好莱坞科幻大片中的某个场景，冲击视觉，震撼人心；像迪士尼乐园，童趣十足，充满了欢乐；像一千零一夜的神话，充满了神秘与想象，将人们带入一个幻想的世界……

## Reasons for Entry

His manual drawing works like the amazing cartoon making people cannot help laughing; like a visual-shocking shot in the Hollywood blockbusters making people shocked; like the interesting Disneyworld full of joy; like the Tales from the Arabian Nights filled with mystery and imagination; it can bring people into a world of fantasy and imagination...

面对当下中国手绘设计还停留在技法表现和手绘写生的层面，面对手绘设计能否为市场服务、为商业服务、为客户服务的思考上，在中国的设计界，有一个叫广阔的手绘艺术家，深居简出，不张扬，早已走出了手绘爱好和收藏的世界，将手绘的表现艺术直接投入到大型的电影主题公园的规划与设计之中，为我们演绎了以手绘设计独奏的手绘钢琴协奏曲。

一套由手绘的方式完成的设计方案，居然能给我们带来如此美好的联想，可见作者的设计思维与绘画审美不仅达到了一个极高的境界，而且这里面还有讲故事和叙述情节的造梦能力，他像一个导演，控制着整个故事的节奏、情节和高潮……

笔者既是手绘设计的爱好者，也是手绘设计的研究者，曾对手绘艺术作为设计概念与设计表达如何融入项目设计与规划，做过一定的研究；也曾与广阔有过深入的交流和探讨。设计手绘的语言表达，在概念设计方面，通常充满自我意识和自我个性的张扬，甚至将手绘列为孤芳自赏的自恋状态。从手绘语言表达与色彩运用方面上论，或张扬，或内敛，或粗犷，或热烈，或平静，或细腻，或奔放，或沉重等，凡是文学描述的形象手绘似乎均可表达。问题是要达到上述手绘表现语言的艺术高度，没有踏踏实实几十年的功底和沉淀是不可能的。这是一种由内到外，再由外到内的内心与内功的自我修炼，不左顾右盼、不受世俗的诱惑、对目标的一种坚持，是对艺术高度不断地探索与追求，是一种更高层面的艺术境界。

显然广阔已进入了这样的境界。

在当下整个社会都表现的极为浮躁、浮

WANG SHANG
網尚世界數碼電影文化博覽園
SHU MA DIAN YING WEN HUA BO LAN YUAN
网尚世界数码电影文化博览园
（花橋）數字電影綜合體兒童區入口景觀建築設計方案

夸和急于求成之时，有多少人能够真正沉淀下来，深入手绘世界，认真做手绘？有谁愿意以手绘的研发方式，渗透大量的手绘概念设计？欣慰的是，广阔做到了。他乐在其中，用30多年如一日的功力，也着实让自己的手绘过了一把“语不惊人死不休”的“瘾”。

内行人都晓得，对于设计手绘的坚持，是一种艺术境界上自我修行的过程。这个过程，实际上是信念，是目标，是理想的坚持，也是手绘者心静、心态与心境三心齐发的一个写照，是用一生时间才能跑完的马拉松。

信念——源自你设定的目标与目标的高度；

心静——源自于设计艺术的自我觉醒，心静如水；

心态——源自于你对设计艺术价值观的追求，努力向上，决不放弃；

心境——源自于手绘设计艺术的境界，心有多大，手绘的舞台就有多大。

当然，最重要的还要站在手绘艺术的高度，高屋建瓴，能否看到手绘艺术以外的天地；是否能意识到什么样的姐妹艺术能促进自己艺术思维的发展和提高；能否找到自己手绘艺术逐步提高的方法；尤其是手绘的精神层面与艺术层面，看看我们离它还有多远。 广阔告诉笔者“设计中的手绘，不仅仅是线条与色彩的语言表现，最重要的是通过手绘的方式来不断的培养我们的想象力与创造力。没有想象，就没有创造，没有想象力，就没有表现的激情，作品就不会有强烈的艺术感染力，那样就什么都不会有。”

广阔似乎就进入了这样的境界，我们从入选的“网尚世界电影城建筑方案设计”中，就能发现他的设计思考已经到了一个相当高的层面。尤其是将手绘设计表现如何有效地投入在大型的设计项目上，他以自己30多年如一日的手绘功底和艺术境界，不仅首创了“广式”手绘语言与电脑后期处理的风格，同时他曾首创了“美声”唱法的广式手绘语言，笔者去年出版的《亚太名家设计解读》一书中对其特色有详细介绍。笔者连续两次撰文，因为广阔对手绘的时尚情节与表现艺术的感染力打动了笔者。

业内人士都知道，手绘图与电脑图相比，手绘图最大的不足是缺少电脑模拟材料肌理的真实感，而电脑所表现的逼真感又往往让人感到太“匠气”，缺少艺术感染力。在设计表现中，手绘与电脑各有长短，妙就妙在广阔能在这两者之间游刃有余，取其长，补其短，重在艺术塑造的真实。比如取色彩的艳丽，他能做到艳而不俗；比如抓线条的灵动，他能做到行云流水；与电脑图比真实，手绘重在拓展人们的形象空间艺术化；取电脑图视觉效果的准确与精致，他能做到精益求精。尽管手绘与电脑相结合不是广阔的首创，然而他所创造出来的综合视觉效果，充满着艺术绘画创意的魅力。他用水彩、彩铅、马克笔和电脑构筑出来的图像，向我们展示了一个全新的视觉艺术。

比如在“网尚世界电影城建筑方案设计”的表现中，我们就看到了广阔在三幢高楼与电影巨幅海报及天空淡彩做电脑后期处理的痕迹。与众不同的是，即便如此，他在电脑后期艺术处理上，依然是将每个微小的细节，当做整体中的一个重要组成部分来谨慎渲染，而让局部服从于整体。用笔用墨，轻盈、巧妙，心到、手到、点到为止，恰到好处。而其他地方，均以系统过滤后的色

江苏花桥网尚世界电影博览园主要景观建筑设计——008

**《欧洲街》入口建筑景观**

SHE JI DAN WEI : BEI JING CHAO REN SHE JI SHI WU SHUO    SHE JI SHI : GUANG KUO    3-1-32011

设计草图

江苏花桥网尚世界电影博览园主要景观建筑设计 ---0012

## 电影城建筑外观及入口处景观设计

SHE JI DAN WEI： BEI JING CHAO REN SHE JI SHI WU SHUO　　SHE JI SHI: GUANG KUO　3-1-32011

江苏花桥网尚世界电影博览园主要景观建筑设计 ----0011

**电影城建筑外观及入口处景观设计** 【局部】

SHE JI DAN WEI：BEI JING CHAO REN SHE JI SHI WU SHUO SHE JI SHI: GUANG KUO 3-1-32011

**【老上海主题电影试听馆】**

室内装饰风格设计 B---00006

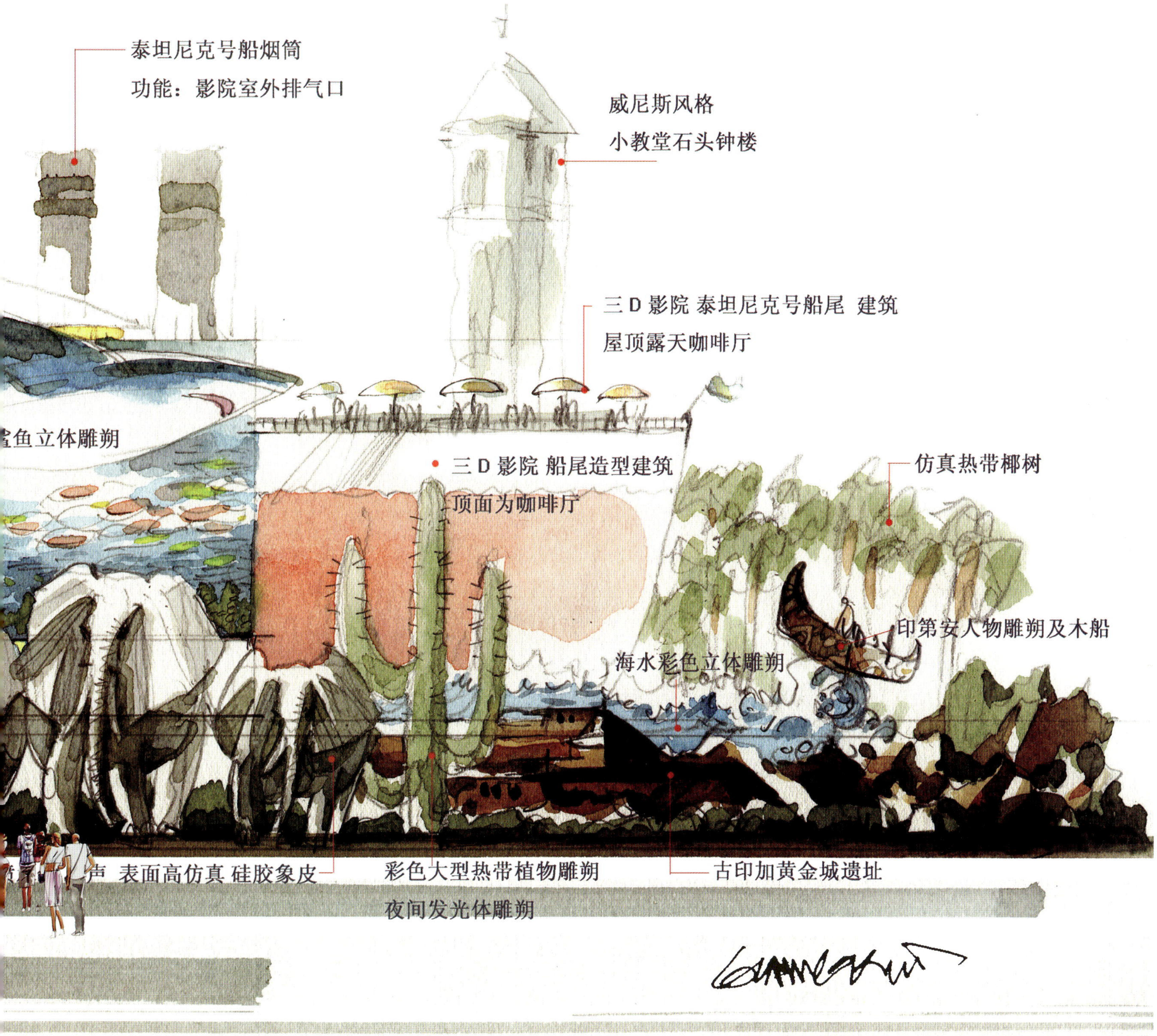

泰坦尼克号船烟筒
功能：影院室外排气口

威尼斯风格
小教堂石头钟楼

三D影院 泰坦尼克号船尾 建筑
屋顶露天咖啡厅

色立体雕朔

三D影院 船尾造型建筑
顶面为咖啡厅

仿真热带椰树

印第安人物雕朔及木船

海水彩色立体雕朔

声 表面高仿真 硅胶象皮

彩色大型热带植物雕朔
夜间发光体雕朔

古印加黄金城遗址

网尚世界数码电影文化博览园 建筑及景观设计

SHE JI HUI HUA :GUANG KUO 2062010

带椰树
彩色霓虹灯 及可变幻颜色 LID 光源 字体
彩色霓虹灯 及可变幻颜色 LID 光源 字体
网上世界
数码电影
文化博览园
WAN G SHANG SHI JIE
shu ma dian ying wen hua bo lan yuan
屋顶花园
厘岛风格美食城
屋顶花园 法式西餐厅
WANG SHI JIE SHU MA DIAYING
电子屏幕 或可更换的
活动灯光片组合
北极冰川
雕朔
大型彩色
大型彩色鲨鱼立体雕朔
仿真热带椰树
仿真热带椰树
彩色海底生物
立体雕朔
一层中餐厅 或自助餐厅
一层中餐厅 或自助餐厅
顶部彩色变换字体
主入口
动感

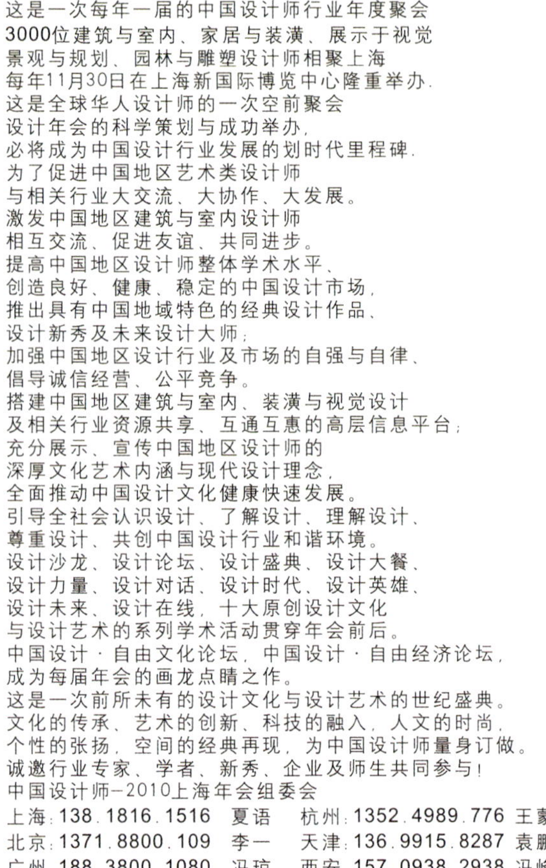

中国设计师-上海年会
这是一次每年一届的中国设计师行业年度聚会
3000位建筑与室内、家居与装潢、展示于视觉
景观与规划、园林与雕塑设计师相聚上海
每年11月30日在上海新国际博览中心隆重举办.
这是全球华人设计师的一次空前聚会
设计年会的科学策划与成功举办,
必将成为中国设计行业发展的划时代里程碑.
为了促进中国地区艺术类设计师
与相关行业大交流、大协作、大发展。
激发中国地区建筑与室内设计师
相互交流、促进友谊、共同进步。
提高中国地区设计师整体学术水平、
创造良好、健康、稳定的中国设计市场,
推出具有中国地域特色的经典设计作品、
设计新秀及未来设计大师;
加强中国地区设计行业及市场的自强与自律、
倡导诚信经营、公平竞争。
搭建中国地区建筑与室内、装潢与视觉设计
及相关行业资源共享、互通互惠的高层信息平台;
充分展示、宣传中国地区设计师的
深厚文化艺术内涵与现代设计理念,
全面推动中国设计文化健康快速发展。
引导全社会认识设计、了解设计、理解设计、
尊重设计、共创中国设计行业和谐环境。
设计沙龙、设计论坛、设计盛典、设计大餐、
设计力量、设计对话、设计时代、设计英雄、
设计未来、设计在线,十大原创设计文化
与设计艺术的系列学术活动贯穿年会前后。
中国设计·自由文化论坛、中国设计·自由经济论坛,
成为每届年会的画龙点睛之作。
这是一次前所未有的设计文化与设计艺术的世纪盛典。
文化的传承、艺术的创新、科技的融入,人文的时尚,
个性的张扬,空间的经典再现,为中国设计师量身订做。
诚邀行业专家、学者、新秀、企业及师生共同参与!
中国设计师-2010上海年会组委会

| 上海:138.1816.1516 夏语 | 杭州:1352.4989.776 王蒙 |
|---|---|
| 北京:1371.8800.109 李一 | 天津:136.9915.8287 袁鹏 |
| 广州:188.3800.1080 冯琼 | 西安:157.0938.2938 冯峰 |

# 中国设计师-上海年会

同期:全国建筑装饰行业合作组织会长联席会议
全国建筑装饰建材传媒联盟总编联席会议
中国设计师艺术沙龙/首席及签约设计师年会
中国设计师网/各省市及专业频道CEO年会

设计力量·全球华人上海世纪相聚
设计时代·英雄人物彰显魅力榜样
设计未来·领袖行业文化风尚之路

亲临设计沙龙文化大餐 对话设计名家道法风尚
演绎设计创意世纪之梦 感受设计文化百年典范

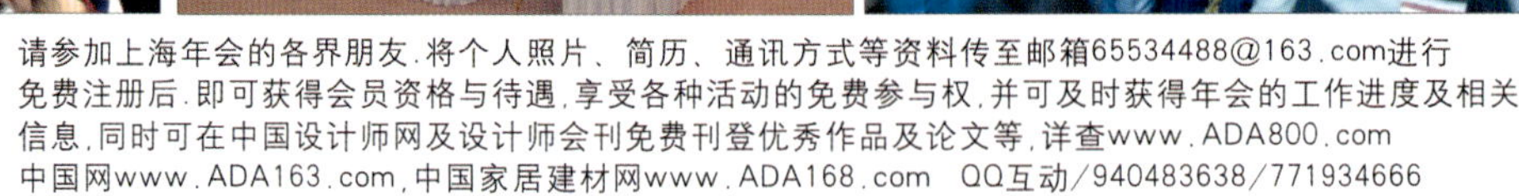

请参加上海年会的各界朋友,将个人照片、简历、通讯方式等资料传至邮箱65534488@163.com进行免费注册后,即可获得会员资格与待遇,享受各种活动的免费参与权,并可及时获得年会的工作进度及相关信息,同时可在中国设计师网及设计师会刊免费刊登优秀作品及论文等,详查www.ADA800.com
中国网www.ADA163.com,中国家居建材网www.ADA168.com QQ互动/940483638/771934666

彩，以手绘特有的形式贯穿整个表现的立面。像小提琴独奏曲一般，响亮而明媚，精致而细腻，晶莹而剔透，给人以强烈的现代时尚感，煞是好看，美丽如画。

令我们感动的是，广阔在构思这样的超大型的电影主题公园设计中，他不满足用同一种手绘语言来表现，为了在图中表现电影中的蒙太奇的视觉效果，在绘画过程中，他采用了现代主义绘画表现中的拼贴与材料组合等手段，将画面营造梦幻般的视觉冲击效果。他告诉笔者："在好莱坞梦工厂的电影棚里，充满了各种奇妙幻想与想象力。作为手绘设计师最大的挑战，并非手绘表现本身，而是设计师内在的艺术想象力和造梦能力。电影是门综合的艺术，电影主题公园的设计与思考以及大量的设计手绘表现，展示的是设计者对电影主题的理解与对电影艺术的整体修养，这才是最重要的。另外，还需设计者在商业与艺术层面上不仅有商业头脑，还必须有非凡的想象力。可以想象没有想象力的作品，一定是苍白的，也是毫无生命力的。设计的本身，就是一个孕育生命的过程。因为创意与挑战能使手绘创作者获得快乐。设计手绘表现，只是我整体作品中的一个组成部分，但它不是最重要的。"

比如在"电影城建筑外观入口景观设计"的画面，取太阳西下的余辉的金黄色

△欧洲阿姆斯特丹建筑风格店铺（荷兰）
GUANGKUO 992010

网尚世界数碼電影文化博覽園
SHU MA DIAN YING WEN HUA BO LAN YUAN
网尚世界数码电影文化博览园
（花橋）數字電影園區｛泰坦尼克号｝游輪景觀建築

（德）海德堡城堡一德式浪漫的标志。
設計素材一A一006
GUANGKUO
3012011

法國建筑，《枫丹白露宫》
把文艺复兴时期风格和法國传统
艺术完美结合，完美和谐地融合
在一起。
GUANGKUO
222011

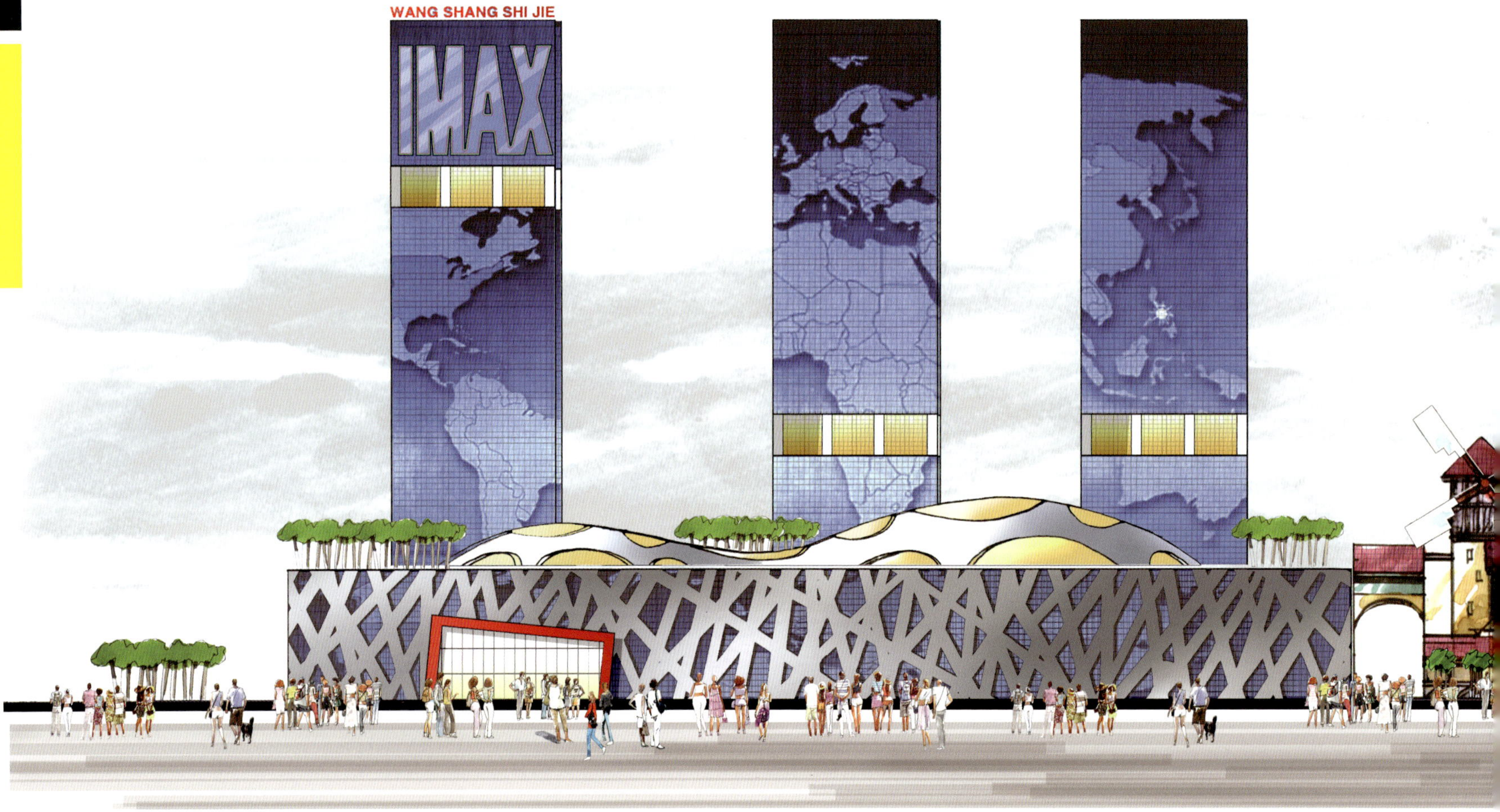

江苏花桥网尚世界电影博览园主要景观建筑设计 ---006

## 园区入口景观及幼儿园建筑设计

SHE JI DAN WEI： BEI JING CHAO REN SHE JI SHI WU SHUO  SHE JI SHI： GUANG KUO  3-1-32011

做主色调，将电影城建筑外观入口表现得像好莱坞大片中一个壮观的场景。棕榈树的探戈、夜色中古堡建筑的外观表面，仿佛是在向人们倾诉着历经几百年的历史沧桑。夕阳的余辉散落在地面的水迹中被风轻轻拂动着，传达给人们一种强烈的怀旧感与艺术的感染力，它在不经意间，触动你那根最敏感的神经。

广阔的手绘设计作品能抓住你的情绪，抓住你的视觉神经，抓住你的思想。在“古堡景观建筑群及婚礼入口”的设计表现效果中，在透明的蓝色的夜幕中，镶嵌着一个弯弯的充满诗意的月亮，古堡的灯光以及照耀在古堡外墙上的装饰灯光，让人浮想联翩，像一首富有浪漫情调的表现夜色的诗。黑夜与古堡的颜色在广阔看来就是透明的蓝和透明的金黄，他用这两种最经典的色彩为我们构筑了一个美妙的视界，宛如用“黑管”为我们独奏了一曲动人的小夜曲，沁人肺腑，令人难忘……

如果说上一幅画面让我们进入一个梦幻般的世界，那么在“数字电影综合体儿童区入口景观建筑设计方案”画面上，迪士尼的城堡、外太空的星球和远古的大象及长颈鹿，则将我们带入对一个充满童趣和未知事物的世界的憧憬和向往。尤其是那些洒落在画面上五彩缤纷的鲜活的色彩，让人们感受到了色彩魔幻艺术震撼的力量。画面极具现代感与时尚感，仿佛是用钢琴独奏的圆舞曲，令人陶醉不已。

一套大型电影主题概念的手绘表现作品，居然可让观众和读者看后能达到如此令人陶醉的状态，甚至可以将你带入那梦幻般的空间中不能自拔，这将是一种怎样的力量才能达到的感人至深，爱不释手。可见广阔对于设计手绘的驾驭，已经到了炉火纯青的地步，手绘设计的水准，也升华到了一个极高的创意境界。作为手绘设计我们不可以只停留在一个层面，因为设计创意思考与手绘艺术表达，永远是一个艺术形式和主题内容高度相融合的艺术再现……

## 个人简介

高级室内建筑师，中国美术家协会湖北分会会员，中国民主促进会会员，江西美术（专修）学院“庐山艺术特训营”学术督导，湖北师范学院美术学院副教授。

从2001年至今已经出版个人专著《家居空间设计与快速表现》、《室内空间徒手表现法法》、《室内陈设徒手表现法》、《室内空间快题设计与表现》、《手绘名家作品选》、《手绘岁月》等多部专著。

杨健的手绘作品激情奔放，疏简精当，内涵丰富，风格突出，极富表现力，因而在中国手绘艺术届独树一帜。

杨健多年来也致力于设计手绘艺术的教学和研究，并且在高校大力的进行手绘推广和引导，因而，深受全国高校广大师生的欢迎。

# 快速构筑的手绘创意

# THE SWIFT MANUAL DRAWING INNOVATION

## ——评手绘艺术家杨健快速手绘的描述

## -Comment on the Artist Yang Jian's Description about Swift Manual Drawing

（九江）

# 304

## 入选理由

他是国内最早开创手绘设计，出版多部手绘著作与书籍的手绘艺术家之一。他的作品既有块面的精彩，也有线条极速的收与放；同时还具有笔尖起伏的行云流水，甚至“电闪雷鸣”的思维爆发力，他的手绘语言凝聚了他的世界观，充满着一气呵成的速度感和飘逸感……

## Reasons for Entry

He is one of the artists who create the manual drawing earliest and publish many books about manual drawing. His works showcase significance and fantasy with both planes and lines; what's more, his works sometimes keep quiet like the clouds and sometimes surges like thundet. His manual drawing is full of sense of speed...

认识杨健是在2006年中国首届手绘艺术设计大赛（庐山）的颁奖典礼上，笔者荣获优秀奖，并由颁奖嘉宾杨健亲自上台宣读获奖名单，他的声音中气十足，字正腔圆，颇像歌唱的男中音。果不其然，在颁奖晚会文艺节目表演中，作为大赛评委代表，杨健居然为我们欣然放歌一曲，他那富有磁性而悠扬响亮的男中音，犹如在耳边回荡，给笔者留下了深刻印象……

2001年当我第一次看到他撰写的《家居空间设计与快递表现》时，就感觉到他似乎是一个性情中人，心直口快，雷厉风行。所谓文如其人，他的手绘语言也是直来直去，风风火火；那种快速表达的手绘语言，好像争分夺秒，在做一道抢答题；其手绘语言性格是如此爱憎分明，开门见山，哪怕快速表现的东西存有瑕疵也在所不惜。他是属于大大咧咧的直爽而又带着内心的诚恳，是饱含情感来展示他的手绘话语的，以至于他的手绘语言风格有种强烈的识别信息，一看便知道是谁画的。

十年磨一剑。笔者发现杨健的手绘，经十年磨练，仍然不改初衷，不改他的直率、诚恳和热情。然而，他在手绘语言色彩表述的心态上，却褪去了昔日的虚荣，剥掉了掩饰的语言，更加痛快地展现手绘的简明扼要。像漫画，只抓几根表情动态线，就能准确体现人物特征。换一句话讲，杨健经过10年对手绘的深入研究，他抓住了手绘表现的灵魂，也就是手绘表现的本质——真实、准确和灵动。

所谓真实，主张用最极简的线条去描述空间的本质；

所谓准确，提倡观察角度多元化，表现角度少而精；

所谓灵动，坚持剔除伪装，努力表现手绘语言的自然律动感。

欣慰的是，杨健不仅做到了手绘表现的真实、准确和灵动，还在手绘快速的思维表述上，坚持不懈地探索了多种手绘语言的极简风格。

比如，以行云流水见长的线条画法，仅仅几根线，就能真实地勾画出建筑的神态；比如，以几何著称的体积块面画法，几个核心大块面，就能准确画出建筑的特色；比如，以轻盈的笔触，彰显灵动的点、线、

上海世博会 波兰馆外观
2010.5.

面，就能生动地描述建筑物的风格。

以上海世博会波兰馆写生为例，此建筑呈梯形转折多变的剪纸风格，在杨健的笔下，将颇有体量和重量的建筑处理得如此轻松和轻盈，看上去仍有建筑的严谨和体量，这种化“重”为“轻”的手法在欧美手绘界颇为流行，似乎颠覆了手绘建筑画的传统风格。尤其对波兰馆的表皮肌理（剪纸）处理，淡淡的暖灰水彩，先做铺垫，后做点缀，再做结构线收手；点、线、面此时仿佛有了灵性，将波兰馆建筑节奏感和律动感演绎得淋漓尽致，颇显水彩写意的手法，可谓轻盈而沉着，响亮而内敛，堪称杨健近几年手绘表现绝无仅有的经典之作……

我们知道，不论画家还是艺术家，一生要经历很多绘画语言风格和艺术创新的变化。这种变化随着年龄的增长和自身审美观的改变而改变，当然，最终还要取决于时代所赋予你承担的责任，也就是说影响你的画风、决定你的手绘语言的趋势与走向的，恰恰是我们所处的时代。时代能

# 309

2011.六.11

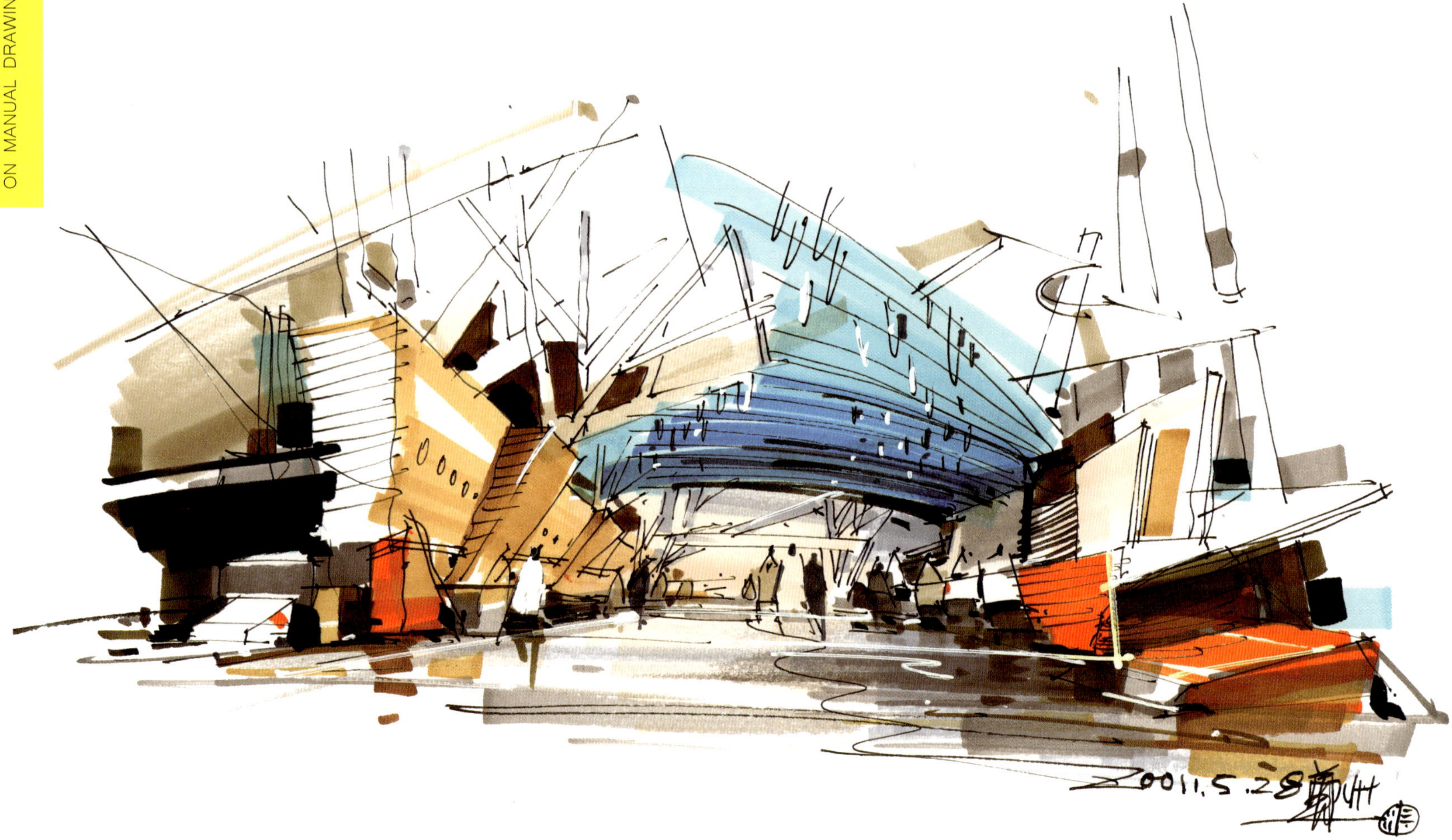
2011.5.28

2011.2.21

2011.2.21
2011.2.21

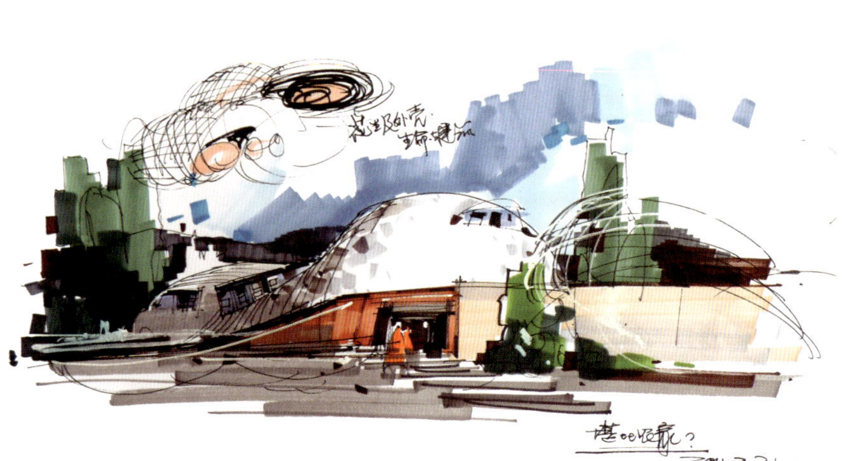

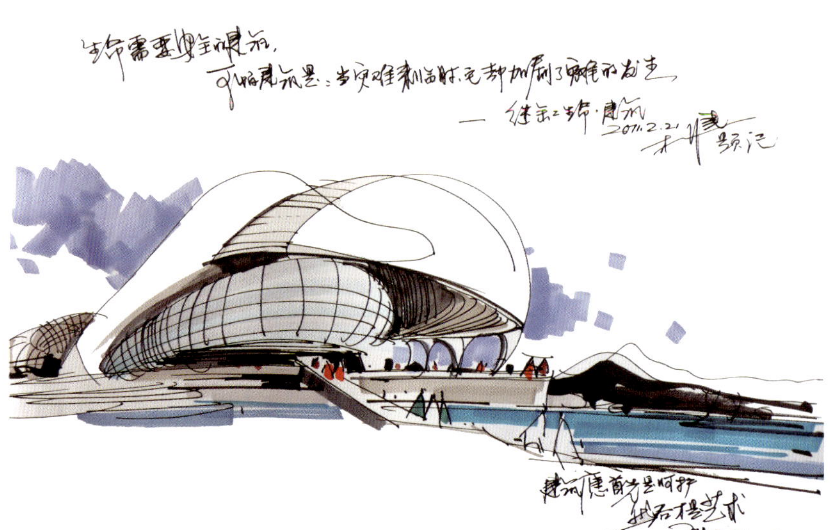

给你带来什么，你就会有什么样的手绘语言表现；或者说你对我们的社会环境和时代变迁有多深的认识，你的手绘语言表现潜能就有多深。

杨健的手绘作品经过近三十年的沉淀，形成了自己的语言特色，他的极简线条，行云流水的速度感，几何块面的构成，描述空间的准确性等都形成了杨健个人语言色彩分辨率很高的鉴赏识别性，一看就知道是杨健的手迹。

比如在汶川地震救灾中入选的“震不倒的心”之三手绘作品画中，杨健在现场画的倒塌的楼房，记录了当时地震的真实状态。他所用的色彩是暗灰色的，笔触是凝结的，心情也是沉重的。他和余工一样深入灾区，为当地百姓做义工，为构思抗震房设计方案奔赴灾区，将他几十年的手绘才华毫无保留地贡献给了灾区重建。

作为一个手绘艺术家，杨健并不满足他这几年所取得一点成就，他在考虑中国手绘设计艺术教育是否可以形成一个体系？既有理论的，也有实践的；既有一线设计师的，也有高校手绘教研的。让更多的人享受手绘设计艺术的教育成果。如今他每年受邀请到全国各地几十所高校去做手绘设计艺术的演

讲和授课，他和余静赣在共同创办庐山手绘设计特训营的基础上，整合了很多社会资源。目前一个围绕着手绘、水彩和雕刻艺术的特色教育学校——西海艺术学院初具规模，他曾应邀担任院长。

如果说杨健的手绘表述语言还有一些美中不足的话，那么就是手绘语言的粗犷构架是否可以控制的再细腻一点，再精确一点，再沉淀一些。这样做的好处是可以发挥他擅长粗犷极速的一面，又能有细腻细致的东西；既有行云流水的灵动表述，又有手绘语言的沉淀概括，目的是增加手绘设计表现的信息量，中今古外杰出的手绘作品里面都聚焦了巨大的信息，这是杨健所面临的课题。

我们期待杨健有更好的手绘作品问世。

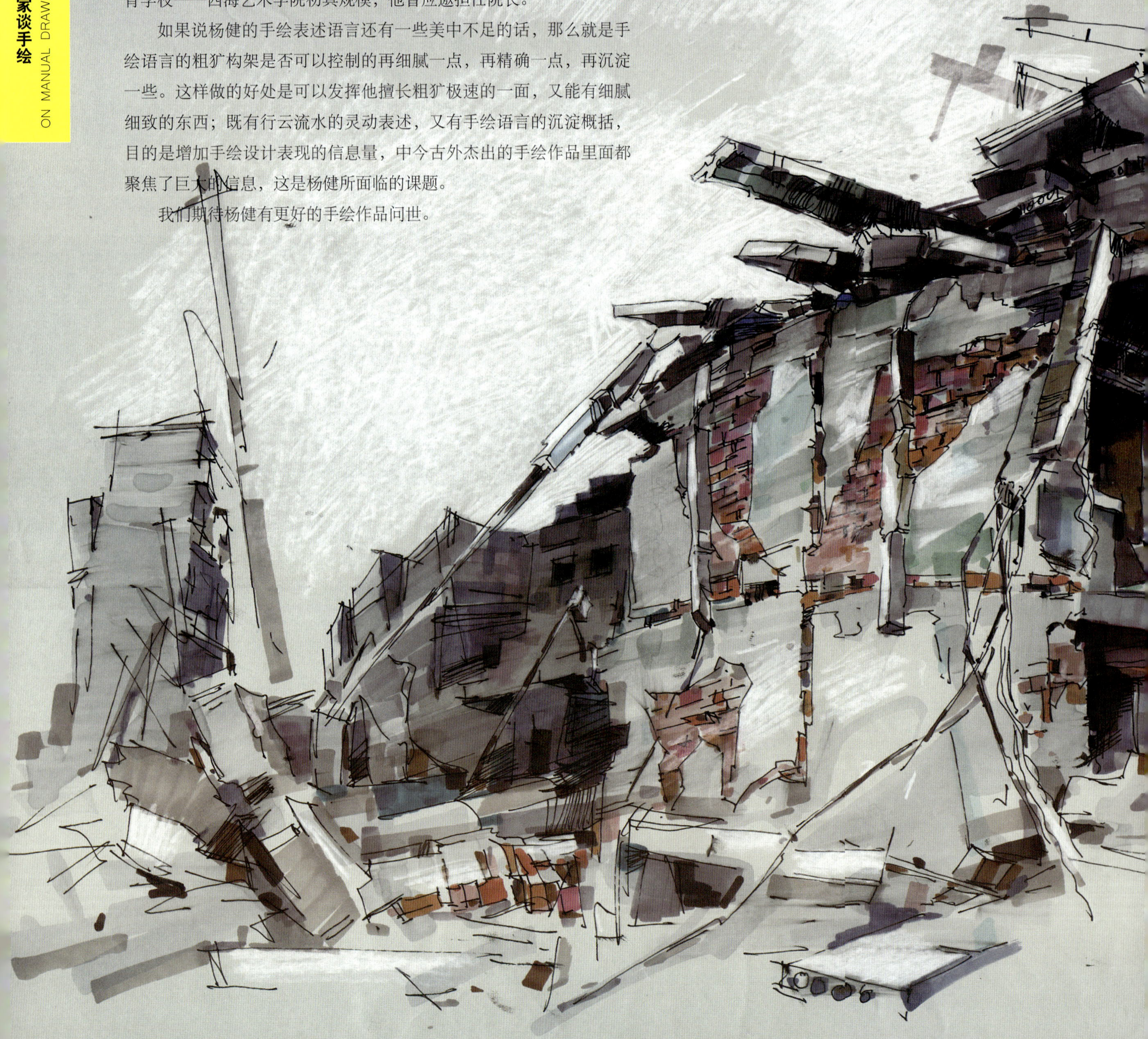

# 采访掠影

‹‹‹《见证中国名家设计崛起》一书启动（深圳站）入选设计师和作者合影

# 后记
# Postscript

原计划和去年一样，一口气“吞下”36个人，然而由于胃口越来越讲究“细嚼慢咽”，越来越不习惯“狼吞虎咽”，当然还由于时间的关系，我还是决定先出上集……

出书就像十月怀胎，去年怀上“双胞胎”并顺利“产出”，并获得国内外专家、学者的好评，也获得了设计师的推崇。《见证中国名家设计崛起》（上下集）通过各地协会、机构和朋友的大力推荐，有超过70人的入选者推荐进入了我的写作视线。在什么人可入选的标准上，我曾在本书简介上有所说明。其实，在中国室内设计界有很多杰出的一线设计师，他们有才华，有潜力，所设计的东西一点也不比名家逊色。因此，他们需要一个推陈出新的平台，也就是说给他们一点机会，他们也可以成为名家……

对于名家设计的“定义”，对于名家设计选择的范畴，我们的传统做法仅仅限于室内设计行业，矮子里面拔“高个”。此书尽管已跳出了室内专业，但仍然是一个系统的跨界，其中有手绘设计，有建筑设计领域出类拔萃的精英人士，更有余静赣作为设计师发起的抗震救灾、为灾区贡献出三年时间的动人事迹，但遗憾的是由于出版社对选题有着极其严格的要求，抗震救灾事迹属于社会新闻选题。当得知要拿掉这篇文章时，我有一种悲喜交加的感觉：悲的是余静赣率团抗震救灾的报道因出版社规定，不能与本书一道问世，堪称此书最大的遗憾；喜的是出版社领导孙学良先生为确保出书时间，动员了出版社所有的资源，全力以赴、不分昼夜地在很短的时间内使新书得以顺利出版，借此机会表示感谢……

我始终在思考一个问题，何为名家？何谓名家精神？如果将名家设计定义锁定为仅仅因为项目做得好而称为名家设计，仅将设计案例做得有所创新才称得上名家设计，我以为这种单纯的名家设计定义是没什么太大的时代意义的。锁定名家设计定义如果没有社会广义思想的内涵高度，那么这种名家设计的“普世”着落点似乎难以覆盖13亿中国人。我在选择什么样的人入选此书的问题上，老实讲，没有一个特别明细的标准。它既不是名家设计的学术擂台，也不是名家设计作品的排行榜，没有办法去拉一条年龄、学术、贡献和知名度的标尺。

我们只能锁定两个有思想内涵的方向，然后按照这两个方向反复寻找……

一个是向前的名家设计，《见证中国名家设计崛起》努力丰富“名家设计”这个时代称谓所代表的时代先进潮流的内涵，积极倡导符合人类文明进发方向的普世价值。

一个是向后看名家设计，“名家设计”继承了多少中华民族传统优秀的内核？我们一直努力恢复和推广“名家设计”面向大众、面向精品设计平民化的普世世界观。当我们着力描摹这一代精英的肖像时，人们假如有这样的感触：满登虽是一个微不足道的知名设计师、专栏作家和资深设计评论人，而他撰写的《见证中国名家设计崛起》却承担了强烈的社会责任感，那么对我的辛勤付出也是一种莫大的安慰。

也许余静赣没有像扎哈那样设计出震撼世界的建筑，然而他用自己的专业技能连同他的社会责任心，为我们竖立了超越设计专业的丰碑；他投入艺术设计教育和为抗震救灾做三年设计义工的事迹不仅感动了很多人，也震撼了很多人。正是因为余静赣能够将他的设计技能转换为社会责任感，才定义了我们这个时代的精神。

因此，我一直想用入选名家设计定义精神，去表述我们的设计说到底还是为人民服务的。如果设计师在做得好，做得很有知名度的同时，又愿意放下架子，为承担不起太高的设计费的普通大众服务，为普通老百姓服务，这就是一种可贵的时代精神。如果我的书能起到这样的启迪思想的作用，将是对我的写作的一种极大的鼓舞……

另外，在谁先进入上集“现身”问题上，不仅考虑要给下集留足精彩的空间，还要考虑上集与下集的对接关系，更多的是给读者一个惊喜。因此，在书中不仅有38位设计师的肖像群史册性巨幅拉页，也有优秀的建筑和手绘设计作品纪念性超长拉页，为喜欢他们作品的读者提供“下载”的惊喜。每个入选者都有个人肖像展示，再加上文章标题和个人简介，仿佛有一种被放大的情绪在感染你，我始终认为我们这个时代的时尚精神，不仅是投入作品的，同时还应投在设计师的个人仪表上，作品好、仪表好会给人带来意想不到的视觉审美享受……

在对设计师的作品评价上，遵循了肯定与指正、鼓励与批评相结合的方式，如果我的批评还有些逻辑根据和理论基础的话，还请各位“武林大侠”高抬贵手，网开一面，敢于面对我这个所谓评论家的批评。我以为如果一味地褒奖赞美一个人，对设计师的成长百害而无一利；这仅仅是代表着一个评论人在努力达到设计评论家和社会大众所定义的审美眼光，至少表述了我自己的审美观点。

在撰写此书的同时，我还要感谢我的团队，毕竟我们平时还有日常的设计工作要做，没有他们的全面配合就没有此书的问世，尤其是我的得力助手——樱子，对出书的时间节点、市场营销等方面付出了很多，在此表示由衷的感谢！

最后还要感谢38位入选者对我的采访所给予的支持，没有他们对我的信任和支持，此书也不可能得以问世……

满登

2011年10月16日于上海

## 图书在版编目（CIP）数据

见证中国名家设计崛起. 上 / 满登著. -- 南京 :
江苏人民出版社, 2011.10
ISBN 978-7-214-07577-2

Ⅰ. ①见… Ⅱ. ①满… Ⅲ. ①住宅－室内装饰设计－
中国 Ⅳ. ①TU241

中国版本图书馆CIP数据核字(2011)第216938号

## 见证中国名家设计崛起（上）

满登 著

版式总策划：满登
策 划 编 辑：潘华 顾雯
责 任 编 辑：刘焱 潘华
责 任 监 印：彭李君
出　　　版：江苏人民出版社（南京湖南路1号A楼 邮编：210009）
发　　　行：天津凤凰空间文化传媒有限公司
销 售 电 话：022-87893668
网　　　址：http://www.ifengspace.com
集 团 地 址：凤凰出版传媒集团（南京湖南路1号A楼 邮编：210009）
经　　　销：全国新华书店
印　　　刷：深圳当纳利印刷有限公司
开　　　本：1020毫米 X 1060毫米 1/16
印　　　张：21.5
字　　　数：172千字
版　　　次：2011年11月第1次版
印　　　次：2011年11月第1次印刷
书　　　号：ISBN 978-7-214-07577-2
定　　　价：299.00元